博碩文化

博碩文化

全集中軟體測試

ISTQB CTFL 學習手冊

韓文銘、葉承宇 著

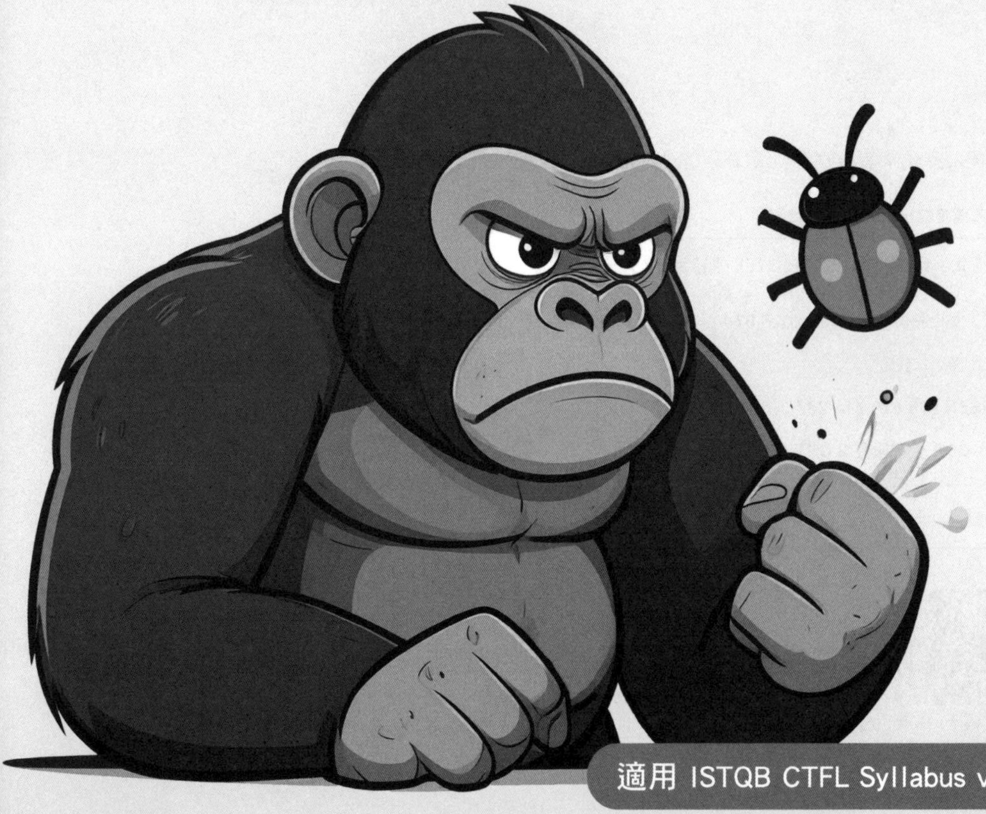

適用 ISTQB CTFL Syllabus v4.0.1

作　　者：韓文銘、葉承宇
責任編輯：黃俊傑

董 事 長：曾梓翔
總 編 輯：陳錦輝

出　　版：博碩文化股份有限公司
地　　址：221 新北市汐止區新台五路一段 112 號 10 樓 A 棟
　　　　　電話 (02) 2696-2869　傳真 (02) 2696-2867

發　　行：博碩文化股份有限公司
郵撥帳號：17484299　戶名：博碩文化股份有限公司
博碩網址：http://www.drmaster.com.tw
讀者服務信箱：dr26962869@gmail.com
訂購服務專線：(02) 2696-2869 分機 238、519
（週一至週五 09:30 ～ 12:00；13:30 ～ 17:00）

版　　次：2025 年 7 月初版一刷

博碩書號：MP22511
建議零售價：新台幣 600 元
Ｉ Ｓ Ｂ Ｎ：978-626-414-237-3（平裝）
律師顧問：鳴權法律事務所 陳曉鳴律師

本書如有破損或裝訂錯誤，請寄回本公司更換

國家圖書館出版品預行編目資料

全集中軟體測試：ISTQB CTFL 學習手冊 / 韓文銘, 葉承宇著. -- 初版. -- 新北市：博碩文化股份有限公司, 2025.07
　面；　公分

ISBN 978-626-414-237-3(平裝)

1.CST: 軟體研發 2.CST: 品質管理 3.CST: 考試指南

312.2　　　　　　　　　　　　114007730

Printed in Taiwan

博 碩 粉 絲 團　歡迎團體訂購，另有優惠，請洽服務專線
(02) 2696-2869 分機 238、519

商標聲明

本書中所引用之商標、產品名稱分屬各公司所有，本書引用純屬介紹之用，並無任何侵害之意。

有限擔保責任聲明

雖然作者與出版社已全力編輯與製作本書，唯不擔保本書及其所附媒體無任何瑕疵；亦不為使用本書而引起之衍生利益損失或意外損毀之損失擔保責任。即使本公司先前已被告知前述損毀之發生。本公司依本書所負之責任，僅限於台端對本書所付之實際價款。

著作權聲明

本書著作權為作者所有，並受國際著作權法保護，未經授權任意拷貝、引用、翻印，均屬違法。

從看書的人，到寫書的人

　　資訊產業的健全發展，就像一幅太極圖：一邊是開發，一邊是測試，缺一不可。

　　開發帶來創造與功能，測試則確保品質與風險可控。企業深知，優秀的開發者能推動產業快速前進；而我始終相信，測試者的存在，是守住穩定與信任的關鍵角色，才能讓軟體與企業永續發展。

　　對於有志踏入軟體測試領域的初學者來說，市面上眾多原文書與簡體教材往往是一道難以跨越的高牆。牆內充斥著專業術語、艱澀文字與脈絡發散的內容，使學習過程充滿障礙與挫折，不少人因此在起步階段便產生排斥感，也使軟體測試人才的養成更加困難。

　　成為「寫書的人」原本不在我的人生規劃中，但這本書的誕生，讓我重新省思、也深化對軟體測試的體悟。

　　我希望能在測試這一端，疊上一塊小小的磚頭——透過清楚的圖表與本地語言，搭起你與測試知識之間的橋樑。

　　不僅幫助你理解 ISTQB CTFL 的核心實務觀念，更希望這些知識，最終能在你的工作現場，轉化為真正可用的思維與應用能力。

　　願這本書，不只陪你前行，也讓更多人看見測試之路的價值；
也願我們，都能在各自的崗位上，共同撐起資訊品質的前鋒與後盾。

　　特別感謝一路以來指引我教學與研究方向的師長，
以及始終支持我、給我力量的家人。

韓文銘 敬上

作者序 PREFACE

人與人之間的緣分真的很奇妙。我很幸運，在職涯路上遇到了韓文銘教授這位良師。

遇見他之前，我還像個摸索方向的書僮，對未來懵懵懂懂。是韓教授的啟蒙，讓我一腳踏進了「專案管理、軟體工程與品質」的專業殿堂，特別是在軟體測試這塊，點燃了我的學習火花。

這份影響力，不僅讓我在職場上學以致用，更讓我能站上講台，將這份知識與熱情分享給新一代的學子，這一切都要感謝韓教授當年的引領。

而寫這本書的初衷，就是想把軟體測試的觀念，用比較輕鬆、好懂的方式介紹給大家。書裡會從最基本的為什麼要做測試？測試到底在做什麼？開始，一步一步帶大家認識測試的各種活動、原則和技巧。

雖然本書的內容架構是參考國際軟體測試資格認證最新版本（2024 ISTQB Foundation Level Syllabus 4.0.1），看起來似乎有點專業難懂，但我們盡力把那些專有名詞透過生動活潑的方式解釋清楚，讓即使是剛入門的朋友，也能看得懂、學得會。

希望這本書能成為進入軟體測試世界的敲門磚，讓大家發現，原來軟體測試不只是找問題，更是一門確保品質、提升使用者體驗的專業學問。它需要細心、耐心，也需要一點點偵探般的洞察力。所以請你準備好，讓我們一起輕鬆愉快地啟航來參透軟體測試的奧秘吧！

最後除了感謝韓教授這位益友的力邀，也特別感念家人的體諒，得以讓這本書開啟我（丁丁）的寫書之路。

葉承宇

2025 五月天

導論
INTRODUCTION

軟體測試的概念與價值

軟體已成為現代生活中不可或缺的一部分，從銀行交易、保險業務等商業應用，到汽車、手機等日常設備，都依賴軟體的支援。隨著軟體應用範圍不斷擴大，其可能造成的問題也更加嚴重，包括金錢損失、時間浪費、商譽受損，甚至可能危及生命安全。以單車租借平台故障為例，當系統出現問題時，使用者只能還車但無法租借，且無法即時扣款，需等系統恢復後才能補扣費用。這不僅造成使用者的不便與不滿，也可能因後續的補扣程序帶來更多困擾，進而損害品牌形象。

軟體測試是一系列用來發現缺陷並評估軟體品質的活動。這些在測試中檢查的工作產品稱為「受測物」（Test Objects），意旨在軟體測試中需要被檢查與測試的具體系統、元件或工作產品。許多人對軟體測試存在誤解，通常認為測試只是執行某個軟體並檢查執行結果是否與預期結果一致。但實際上，完整的軟體測試還包含規劃、管理、估算、監控和控制等環節，並且需要與軟體開發生命週期緊密配合，才能確保測試工作順利達成目標。

此外，測試可以分為動態測試和靜態測試。動態測試需要利用不同的測試技術和方法來設計測試案例以便檢查受測系統；而靜態測試則不需要執行受測系統，其主要透過審查與靜態分析進行，有助推動「測試左移」概念，即越早測試，越能節省開發時間與成本。

優秀的測試人員不只是執行測試計劃，還需要深入思考軟體運作原理，預測可能出現的問題並提出解決方案。雖然自動化測試能確保測試結果的一致性，

是許多 QA 團隊的目標，但工具的效益仍需仰賴專業測試人員的操作才能發揮。此外，如果手動測試案例本身不夠完善，即使轉換為自動化測試，也可能因為測試設計的缺陷而無法達到預期效果。

隨著 AI 技術的快速發展，快速開發成為現代軟體開發的重要趨勢。然而，快速開發的背後如果欠缺充分的品質保證，最終只會導致快速失敗，測試是確保軟體品質與系統成功的必要措施。然而台灣資通訊相關科系學校較為著重於「開發」技能的培養，較少將軟體品質或測試納入課程架構中。這不僅增加企業的培訓成本，更重要的是，新進人員若僅憑片段測試知識直接投入工作，往往成為企業的潛在風險因子。

為什麼要考取 ISTQB CTFL

國際軟體測試資格認證委員會（International Software Testing Qualifications Board, ISTQB）成立於 2002 年，是一個致力於推動全球軟體測試專業發展的非營利組織。ISTQB 除了提供免費的專業資源（如 Syllabus）協助測試人員掌握最新的測試實務外，還建立完整的資格認證制度，幫助測試人員自我檢視其專業能力。ISTQB 資格認證架構分為核心基礎級（Core Foundation）、核心進階級（Core Advanced）、專家級（Expert Level）與專業領域（Specialist）。核心基礎級著重於建立測試人員應具備的基本知識與技能，是後續進階學習的基礎；核心進階級強化測試設計、分析與管理等能力；專家級聚焦於測試策略、流程改善與測試組織管理，提供具體實務指引。專業領域則針對特定應用場景的測試需求所設計，例如敏捷測試、人工智慧測試、車載通測試、行動裝置測試與資訊安全測試等，不依等級劃分，旨在補足各種垂直領域的測試專業能力。截至 2025 年 5 月底，全球已有超過 100 萬人取得 ISTQB 國際證照，充分展現 ISTQB 軟體測試資格認證制度在國際軟體產業的重要地位。

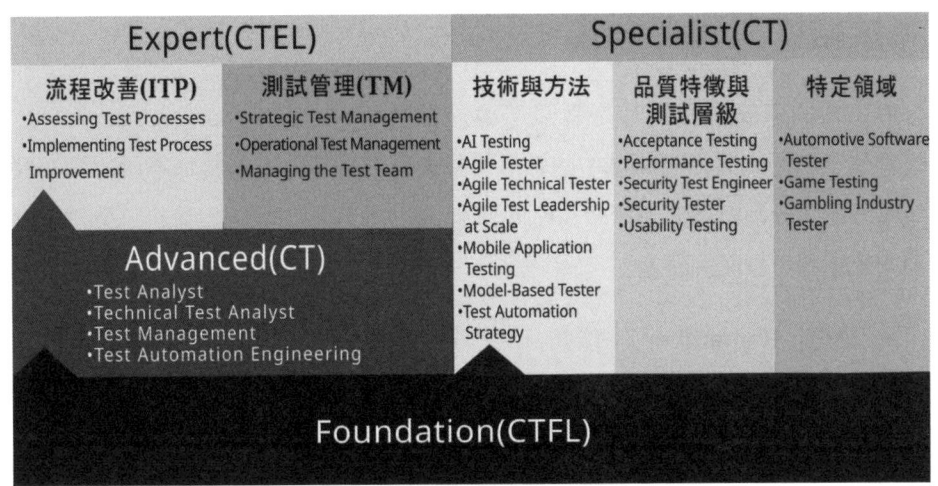

ISTQB 軟體測試知識體系

　　本教材作為「軟體測試入門磚」，內容依據「2024 ISTQB Foundation Level Syllabus 4.0.1」規劃來撰寫，內容涵蓋敏捷、DevOps 等新興技術，緊扣最新業界趨勢。對於想要踏入軟體測試領域的讀者，本書提供系統性的知識架構；對於現職的測試工程師，則可以藉此檢視實務作法是否具備理論基礎，並思考如何將理論應用於實際工作中。此外，就如同程式設計師可以透過專業證照和作品集展現能力一樣，測試人員在研讀本書後，也能透過考取國際證照來證明自身的專業能力。對於追求國際化的企業，擁有 ISTQB 認證的人才尤為關鍵，例如歐洲金融機構經常要求供應商的測試團隊具備認證以確保品質合規。

　　ISTQB CTFL（Certified Tester Foundation Level）是軟體測試領域的入門級證照。取得 CTFL 基礎級認證後，您可根據興趣與職涯規劃，進一步研習進階領域，例如敏捷測試（CTFL-AT）、測試分析師（CTAL-TA）或人工智慧測試（CT-AI）等進階內容；此外，亦可關注即將發佈的 Certified Tester GenAI（CT-GenAI），掌握生成式 AI 測試的最新趨勢。

考試結構與報考方式

ISTQB 的考試題目設計是參照布魯姆分類架構（Bloom's Taxonomy），以便評估考生在軟體測試領域中的知識掌握與實務應用能力。根據不同的認知層級，考題可分為四個知識層級（K-level）：記憶、理解、應用與分析，分別對應不同的學習目標與評量重點：

- 記憶（Remember）：能夠記住、辨識並回憶特定術語、概念或事實內容，通常要求考生從選項中選出正確的術語定義或對應概念。
- 理解（Understand）：能夠比較不同概念間的異同之處，並具備將多個概念進行分類、說明或總結的能力，常見題型包括描述概念間的關聯，或辨識正確的比較結論。
- 應用（Apply）：能夠將已學知識應用於具體情境中，用以解決實務問題或執行特定任務，多以實際案例為背景，要求考生應用如邊界值分析等測試技術，或規劃適當的測試活動。
- 分析（Analyze）：能夠拆解複雜的問題情境，判斷事實與推論間的關係，並評估各項解決方案的可行性與適用性。常見題型為案例分析題，要求考生針對風險、缺陷或測試流程進行解析，並判斷最佳的應對策略。

K-Level	名稱	範例
K1	記憶	辨識測試的典型目標 回想測試象限的概念
K2	理解	解釋情境因素對測試流程的影響 區別專案風險與產品風險
K3	應用	應用等價類劃分設計測試案例 使用可追蹤性來監控測試進度
K4	分析	分析特定情境下選擇最適合的測試技術 根據測試案例相依性進行排序

根據《ISTQB Exam Structures and Rules v1.1》及《ISTQB Exam Structure – Tables v1.10》兩份官方文件的建議，考試時間可依據不同的知識層級進行合理分配，以提升作答效率與整體時間掌控：

- **K1 等級題目**：建議分配約 1 分鐘
- **K2 等級題目**：建議分配約 1 至 2 分鐘
- **K3 等級題目**：建議分配約 3 分鐘
- **K4 等級題目**：建議分配約 4 分鐘

上述時間為平均作答參考值，實際情況仍應根據題目難度與考生的熟悉程度彈性調整。考生可依據題型特性與作答進度，妥善規劃整體時間分配，以確保能在限時內完成所有試題，並保留檢查與修正的時間。

根據 ISTQB CTFL 考試結構，各 K-level 之題目數量如下表所示。值得注意的是，CTFL 考試並不包含 K4 層次題型，因此考生無需準備涉及複雜情境拆解或推論評估的題目。建議考生優先掌握 K1 與 K2 題型，這兩類題目合計約佔 32 題，若能穩定答對，大致即可跨越及格門檻（26 題），為通過考試打下穩固基礎。至於 K3 題型，因其難度相對較高，建議在確保基本題型分數無虞後，再集中精力應對其挑戰。

K Level	題目數量	答題時間	答題時間小計
K1	8	1	8
K2	24	1	24
K3	8	3	24
K4			
題目總數	40	整體答題時間	56

題目數量	40
通過分數門檻比例	65%（26題）
考試時間	60
非母語應試者考試時間	75

ISTQB 提供全球官方認證測試人員名冊（Successful Candidate Register, SCR），網址為 http://scr.istqb.org。該系統用於記錄通過 ISTQB 認證考試的考生資訊，並可供考生本人、雇主或招募單位進行證書真偽查驗。值得注意的是，列入 SCR 為自願性選項，部分考生可能選擇不公開個人資訊，因此即使通過考試，亦可能無法在 SCR 系統中查詢其紀錄。

目前全球提供 ISTQB 認證考試的官方授權機構有多家，雖然皆遵循 ISTQB 的核心大綱與出題標準，但在考試形式、語言支援、考場安排及認證管理等方面，仍存在些許差異。以下為三個常見的官方授權考試機構簡介（均支援線上與實體考試形式），並列出其主要特色：

- **Association for Testing and Software Quality Assurance, Inc.（AT*SQA）**：美國地區主要的認證機構之一，提供考生登入 Official U.S. List of Certified & Credentialed Software Testers ™，有助於職涯追蹤與驗證，然而考試語言選項相對較少，適合以英文應試的考生。

- **Brightest GmbH**：總部位於德國，提供多語言考試（包括繁體中文、英文、德文、法文等），特別適合亞洲地區考生。此外亦提供數位徽章（Digital Badge）以利於履歷展示與線上證照管理。

- **International Software Quality Institute GmbH（iSQI）**：廣泛服務歐洲、美洲與亞洲地區，支援多語言考試（包括英文、德文、西班牙文、法文、俄文、葡萄牙文），具備考試失敗重考選項（2TRY）：考生可於初次購買時加購重考選項（加收 25% 費用），若首次未通過，90 天內可申請重考，降低風險。

目錄 CONTENTS

Chapter 01
測試基本概念

- 1.1 何謂測試 1-3
  - 1.1.1 測試目標 1-3
  - 1.1.2 測試與除錯 1-5
- 1.2 為什麼測試是必要的 1-7
  - 1.2.1 測試對成功的貢獻 1-7
  - 1.2.2 測試與品質保證 1-8
  - 1.2.3 根本原因、錯誤、缺陷和失效 1-10
- 1.3 測試原則 1-12
  - 1.3.1 測試原則 1-12
- 1.4 測試活動、測試相關產物與測試角色 1-15
  - 1.4.1 測試活動與工作 1-16
  - 1.4.2 測試流程與情境的關係 1-26
  - 1.4.3 測試相關產物 1-27
  - 1.4.4 測試依據與測試相關產物的可追溯性 1-30
  - 1.4.5 測試中的角色 1-32

1.5 測試所需的必要技能與最佳實務 1-33
1.5.1 測試所需的必要技能 1-34
1.5.2 整體團隊方法 1-35
1.5.3 測試獨立性 1-36

Chapter 02
貫穿軟體開發生命週期的測試

2.1 軟體開發生命週期中的測試 2-3
2.1.1 SDLC 對測試的影響 2-3
2.1.2 軟體開發流程與測試良好實務 2-9
2.1.3 測試優先導向開發方法 2-10
2.1.4 DevOps 與測試 2-11
2.1.5 左移 2-13
2.1.6 回顧檢討與流程改善 2-14

2.2 測試層級與測試類型 2-16
2.2.1 測試層級 2-17
2.2.2 測試類型 2-24
2.2.3 確認性測試和回歸測試 2-28

2.3 維護性測試 2-29

Chapter 03

靜態測試

3.1 靜態測試基礎 3-3
3.1.1 靜態測試適用的工作產品類型 3-3
3.1.2 靜態測試的價值 3-4
3.1.3 靜態測試與動態測試的差異 3-6

3.2 回饋與審查流程 3-8
3.2.1 早期與頻繁回饋的好處 3-9
3.2.2 審查流程的主要活動 3-10
3.2.3 執行審查的角色職責 3-12
3.2.4 比較不同審查類型的差異 3-14
3.2.5 審查成功關鍵因素 3-17

Chapter 04

測試分析與設計

4.1 測試技術概述 4-3
4.1.1 測試技術簡介 4-3

4.2 黑箱測試技術 4-6
4.2.1 等價劃分 4-7
4.2.2 邊界值分析 4-10
4.2.3 決策表測試 4-13
4.2.4 狀態轉換測試 4-17

4.3 白箱測試技術 4-23
4.3.1 敘述測試與敘述覆蓋率 4-23
4.3.2 分支測試與分支覆蓋率 4-26
4.3.3 白箱測試技術的價值 4-30

4.4 經驗導向的測試技術 4-31
4.4.1 錯誤猜測 4-32
4.4.2 探索性測試 4-34
4.4.3 查核表測試 4-38

4.5 協作導向的測試方法 4-42
4.5.1 協作使用者故事撰寫 4-42
4.5.2 驗收標準 4-47
4.5.3 驗收導向測試開發 4-51

Chapter 05
測試活動管理

5.1 測試規劃 5-3
5.1.1 測試計畫 5-4
5.1.2 測試人員在迭代與發佈規劃中的貢獻 5-8
5.1.3 允入標準與允出標準 5-10
5.1.4 估算技術 5-12
5.1.5 測試案例排序 5-19
5.1.6 測試金字塔 5-23
5.1.7 測試象限 5-26

5.2 風險管理 5-29
5.2.1 風險定義與風險屬性 5-30
5.2.2 專案風險與產品風險 5-31
5.2.3 產品風險分析 5-33
5.2.4 產品風險控制 5-37

5.3 測試監督、測試控制與測試完成 5-39
5.3.1 測試監督、測試控制與測試完成 5-39
5.3.2 測試度量指標 5-41
5.3.3 測試報告的目的、內容與受眾 5-43
5.3.3 傳達測試狀態 5-49

5.4 構型管理 5-51
5.4.1 構型管理 5-51

5.5 缺陷管理 5-53
5.5.1 缺陷報告 5-54

Chapter 06
測試工具

6.1 測試工具如何支援測試活動 6-2
6.1.1 測試工具 6-3

6.2 測試自動化的風險與效益 6-6
6.2.1 測試自動化的效益 6-6
6.2.2 測試自動化的風險 6-7

Chapter 07

章節練習試題與答案解析

7.1 章節練習試題 7-2
- 7.1.1 第一章 測試基本概念 7-2
- 7.1.2 第二章 貫穿軟體開發生命週期的測試 7-5
- 7.1.3 第三章 靜態測試 7-8
- 7.1.4 第四章 測試分析與設計 7-11
- 7.1.5 第五章 測試活動管理 7-15
- 7.1.6 第六章 測試工具 7-18

7.2 章節練習試題答案解析 7-21
- 7.2.1 第一章 測試基本概念 7-21
- 7.2.2 第二章 貫穿軟體開發生命週期的測試 7-24
- 7.2.3 第三章 靜態測試 7-27
- 7.2.4 第四章 測試分析與設計 7-30
- 7.2.5 第五章 測試活動管理 7-32
- 7.2.6 第六章 測試工具 7-35

Chapter 08

模擬考試

8.1 模擬試卷 8-2
8.2 模擬試卷解答 8-18

01

測試基本概念

1.1 何謂測試

1.2 為什麼測試是必要的

1.3 測試原則

1.4 測試活動、測試相關產物與測試角色

1.5 測試所需的必要技能與最佳實務

本章將全面介紹測試的基本概念與原則，從探討「何謂測試」及「為什麼測試是必要的」出發，闡明測試對專案成功的重要性。我們將深入解釋測試的七個原則，為測試活動提供明確的方向與指引。接著，本章將詳細解析測試流程的七個核心活動，並介紹各項活動相關的測試產物（例如測試計劃、測試案例與缺陷報告等）。在此基礎上，我們將說明測試團隊中的主要角色及其職責，包括測試人員和測試經理如何協同合作以達成目標。最後，本章將探討成為一位稱職測試人員所需具備的軟硬技能，幫助讀者評估自身的優勢與待加強之處。

本章包含五個主題（涵蓋 14 個學習目標），這些內容組成 8 道考題的命題範圍。

- 何謂測試
- 為什麼測試是必要的
- 測試原則
- 測試活動、測試相關產物與測試角色
- 測試所需的必要技能與最佳實務

K Level	學習目標	考題數量
K1	1.1.1 識別典型的測試目標 1.2.2 回憶測試與品質保證間的關係 **1.5.2 回憶整體團隊方法的優點 ***	2
K2	1.1.2 區分測試與除錯的差異 1.2.1 舉例說明為什麼測試是必要的 1.2.3 區分根本原因、錯誤、缺陷與失效 **1.3.1 解釋七個測試原則 *** 1.4.1 解釋不同的測試活動及其相關工作 1.4.2 說明情境對測試流程的影響 1.4.3 區分支援測試活動的測試相關產物	6

K Level	學習目標	考題數量
	1.4.4 解釋維護可追蹤性的價值 1.4.5 比較測試中的不同角色 1.5.1 舉例說明測試所需的必要技能 1.5.3 區分測試獨立性的優缺點	

* 必考一題

1.1 何謂測試

軟體測試是確保系統運行符合需求與期望的重要活動，其核心在於透過規劃和執行測試來識別潛在問題，提升產品品質。典型的測試目標包括檢查系統是否符合需求、確認功能是否正確運作、評估品質現況及降低潛在風險。然而，軟體測試並不等同於除錯。測試的目的是揭露缺陷並提供具體資訊，幫助團隊定位問題所在；而除錯則是開發人員分析並修正缺陷的過程。透過清晰區分這兩者，我們能更有策略地規劃測試工作，為軟體交付高品質保證。

學習目標	K Level	內容
FL-1.1.1	K1	識別典型的測試目標。
FL-1.1.2	K2	區分測試與除錯的差異。

1.1.1 測試目標

在軟體測試過程中，明確的測試目標有助於指引測試活動，確保軟體品質。這些目標不僅協助測試人員專注關鍵區域，還確保測試活動與整體專案目標一致。以下是九個典型的測試目標：

1. **評估工作產品（例如需求、使用者故事、設計和程式碼）**：例如檢查使用者故事是否包含明確的驗收標準（使用者應能在 3 秒內完成登入）。

2. **觸發失效並發現缺陷**：例如在電子商務平台的結帳流程中，輸入無效信用卡號以觸發錯誤訊息，發現程式未正確處理異常輸入的缺陷。

3. **確保受測物的必要覆蓋範圍**：例如在單元測試中，確保程式碼的分支覆蓋率達到 80%，以驗證所有分支均被測試。

4. **降低軟體品質不佳的風險**：例如針對金融系統的交易模組執行壓力測試，藉此模擬高流量情境以便降低系統崩潰的風險。

5. **驗證是否符合特定需求**：例如確認線上購物網站的搜尋功能是否能正確回傳與關鍵字相關的產品，符合需求規格中的搜尋精確度要求。

6. **驗證受測物是否符合合約、法律和法規要求**：例如測試醫療系統是否符合 HIPAA 法規，確保病患資料在傳輸與儲存時均已加密。

7. **提供資訊以協助利害關係人進行決策判斷**：例如所提交的測試報告顯示 95% 的測試案例通過，有助於專案經理決定是否可以進入到正式發佈階段。

8. **建立對受測物品質的信心**：例如透過回歸測試確認新版本 App 在各個主要設備上穩定運作，強化客戶對產品品質的信任。

9. **確認受測物是否完整並按利害關係人的期望運作**：例如執行 E2E 測試，模擬使用者從註冊到完成訂單的完整流程，確保系統按客戶期望無縫運作。

測試目標並非一成不變，而是會根據具體情況（例如受測物、測試層級、風險以及軟體開發生命週期等）而有所不同。以測試層級觀點為例，每個層級都有其特定目標。單元測試著重於確保個別功能模組的正確性；系統測試關注整體系統是否符合需求規範。從風險管理的角度來看，高風險區域（例如關鍵功

能或安全性要求）需要設定更嚴格的測試目標（例如全面安全漏洞掃描與相容性測試等），以降低潛在負面影響與確保穩定性和安全性。

因應不同測試目標，我們也需要採用不同的測試策略，這主要是因為測試範疇和焦點各異。例如，單元測試專注於單一功能模組的正確性，測試範疇較小但焦點明確；相比之下，系統測試則需要驗證整體系統的運作，不僅測試範疇更廣，還需要特別注意各個模組間的互動情況。此外，測試的預期結果也會影響策略選擇，單元測試著重於及早發現和修復程式碼層面的問題；系統測試的目標則是驗證整個系統是否符合需求規範，確保系統在實際運作時的穩定性和可靠性，相關的範例詳見表 1.1.1。

表 1.1.1　測試目標與測試策略

測試層級	單元測試	系統測試
測試目標	確保每個功能模組的正確性	驗證整體系統是否符合需求規範
測試策略	<ul><li>自動化測試</li><li>持續整合</li><li>白箱測試技術</li><li>Mock/Stub</li></ul>	<ul><li>性能與壓力測試</li><li>安全性測試</li><li>黑箱測試技術</li><li>End-to-End Testing</li></ul>

1.1.2 測試與除錯

測試與除錯（Debugging）是彼此獨立的活動。測試可分為動態測試與靜態測試，前者旨在揭露因缺陷導致的失效，後者則用於直接發現受測物中的缺陷。而除錯則是一種程式開發活動，專注於尋找、分析與修正缺陷。圖 1.1.1 顯示測試與除錯間的差異。

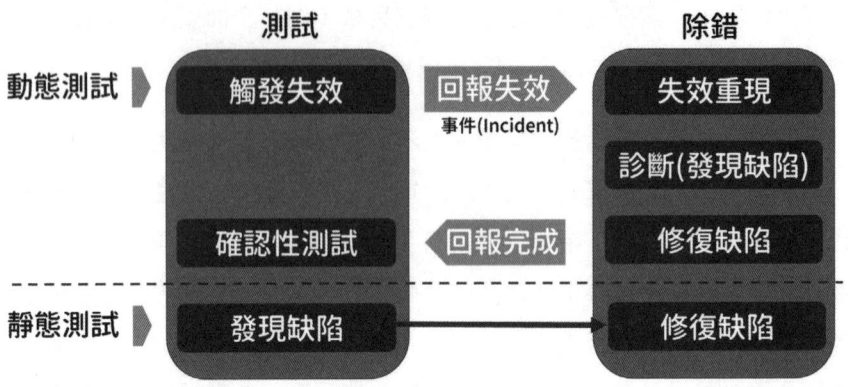

圖 1.1.1　測試與除錯的差異

當動態測試引發失效時，典型除錯流程包括以下三個步驟：

1. **失效重現（Reproduction of a failure）**：重現先前觀察到的失效，以確認問題存在，並作為後續除錯的依據。

2. **診斷（Diagnosis）**：定位導致失效的具體缺陷。

3. **修復缺陷（Fixing the defect）**：修正程式碼中的缺陷以便消除問題。

修復完成後，測試人員會進行確認性測試（confirmation testing），也就是俗稱的重測，以驗證缺陷是否已被正確修復。一般情況下，確認性測試由發現問題的測試人員執行。此外，還可以執行回歸測試，以確認修復後的程式碼未導致其它功能失效，確保整體系統穩定性。

當靜態測試發現缺陷時，除錯的重點在於直接修正該缺陷。由於靜態測試並不執行受測物，因此不會引發失效，也就無須額外進行失效重現或診斷。換言之，靜態測試能直接發現缺陷。例如，在需求規範中發現一個錯誤數字，此時該需求的實作尚未開始，因此只需直接更正錯誤數字即可。

1.2 為什麼測試是必要的

本章將探討測試在確保軟體品質與專案成功中扮演的關鍵角色。軟體若缺乏完善的測試，可能會導致嚴重後果，例如線上交易系統的支付失敗不僅會影響使用者體驗，還可能損害企業聲譽。因此，測試不僅是發現缺陷的工具，更是品質保證的重要環節，它能確保產品符合需求、穩定運行，並有效降低營運風險。測試的核心目標在於識別與預防缺陷，這些缺陷可能源自不同層次的問題，從根本原因、錯誤、缺陷到最終的系統失效。透過測試，我們能及早發現並修正這些問題，不僅可以降低修復成本，還能有效提升最終產品的品質。

學習目標	難度	內容
FL-1.2.1	K2	舉例說明為什麼測試是必要的
FL-1.2.2	K2	回憶測試與品質保證間的關係
FL-1.2.3	K2	區分根本原因、錯誤、缺陷和失效

1.2.1 測試對成功的貢獻

測試是一種具成本效益的方式，能有效檢測缺陷並確保這些缺陷在軟體釋出前被修復，大幅降低修復成本。根據 2010 年 IBM 的研究，缺陷修復成本在開發前期與後期間可能相差高達 100 倍。因此，測試不僅顯著減少高昂的後期修復費用，還能大幅提升受測物的整體品質，為專案成功奠定基礎。

測試的另一項貢獻在於能夠在軟體開發生命週期的各個階段直接評估受測物的品質，進而避免缺陷遺漏到後期階段並降低相關風險。例如，在需求階段，測試可檢查需求規範的完整性和一致性，確保設計文件符合需求並適合作為開發的基礎。這些品質評估為專案管理者提供有價值的資訊，幫助他們在關鍵時刻做出更明智的決策（例如是否發佈產品）。

此外，測試人員透過模擬各種使用者需求場景來驗證系統是否符合使用者期望，既確保使用者需求在開發過程中被完整考慮，又能避免最終產品與使用者期望產生落差。相較於直接讓使用者參與開發，透過測試有兩個明顯優勢：首先是可以降低成本，其次是避免尋找具代表性使用者的困難。以網路銀行 APP 開發為例，若要讓使用者直接參與，不僅需要投入時間和資源進行培訓，使他們瞭解開發流程，還需要安排多次會議來收集意見，這些都將大幅增加專案成本。更重要的是，要找到一組能夠完整代表所有客戶群需求的使用者，本身就是一項極具挑戰的任務。

測試在確保產品符合合約、法律和法規要求方面也扮演著重要角色。以汽車產業為例，現今各大車廠都致力於使其開發流程和測試活動符合 ISO/IEC 26262（道路車輛功能安全標準）的規範。這個標準詳細規定從制定功能安全需求到執行測試與驗證的完整流程，以確保產品達到安全性和可靠性的法規要求。因此，完善的測試不僅能保障使用者安全，還能有效預防因不合規而可能面臨的法律責任和財務損失，為專案的合法性和長期成功奠定基礎。

1.2.2 測試與品質保證

測試和品質是兩個密不可分的主題。在測試中發現的缺陷越多，意味我們有更多能修復潛在問題的機會，進而提升軟體品質；如果在測試中發現的缺陷越少，則代表對受測軟體具備高品質是有信心的。測試不僅讓我們瞭解目前的品質狀況，還能增強對品質的信心，並幫助未來的品質提升，圖 1.2.1 顯示品質保證、品質管控與測試三者間的關聯。

圖 1.2.1　測試與品質保證

品質活動有兩個常見術語，分別是品質保證（Quality Assurance）和品質管控（Quality Control），這兩者都在「品質管理」（Quality Management）的範疇。在專案管理中，另外還包含品質規劃（Quality Planning）活動，有興趣的讀者可以自己上網瞭解學習，不在本文說明範疇。

- **品質保證**：目標是建立、實施、監控、改善和遵循與品質相關的流程，確保最終產品達到預期要求。其核心精神是「如果正確遵循良好流程，就會產生良好產品」，因此，流程改善（Process Improvement）就是由其衍生的後續重要課題。傳統專案會透過根本原因分析來識別缺陷發生原因以便預防缺陷重複發生；在敏捷方法論中，團隊成員則可以透過回顧會議（Retrospective Meeting）分享已執行 Sprint 的改善建議並討論後續改善方式。品質保證適用於開發流程和測試流程，並且是專案中每個人的責任。

- **品質管控**：專注於產品本身，其重點是採用各種工具或技術來檢查產品是否符合所要求的品質。測試是品質管控的形式之一，以便有助於在特定範疇、時間、品質和預算限制內達成目標。其它常見的品質管控手法包含模型檢查（model checking）、模擬（simulation）和雛型（prototyping）等。

測試結果在品質管控和品質保證兩個層面都發揮重要作用：在品質管控方面，測試結果用於指引缺陷修復；在品質保證方面，則提供開發和測試流程執行狀況的重要回饋。儘管測試結果能夠支援品質保證工作，但測試本身並不等同於品質保證，兩者只是具有密切關聯。值得注意的是，測試對專案成功的貢獻並不僅限於測試團隊的工作範疇。事實上，所有專案利害關係人都可以透過測試系統和檢視相關文件來發現軟體缺陷，共同為提升產品品質做出貢獻。

1.2.3 根本原因、錯誤、缺陷和失效

根本原因（Root Cause）、錯誤（Error / Mistake）、缺陷（Defect / Bug / Fault）和失效（Failure）間存在明確的因果關係。透過分析這四者的關係，可以更有效地理解軟體品質問題的來源，並制定相應解決方案。

人類可能因多種因素而犯錯，例如時間壓力（時程緊迫容易導致粗心大意）、工作產品（例如系統架構與設計）複雜性、流程或互動複雜性（例如對需求或文件的不同理解），或者因疲倦、缺乏經驗或缺少適當培訓導致犯錯。錯誤本身是無形的，通常因未被察覺而無法在第一時間修正。

錯誤會進一步轉化為工作產品中（例如需求文件、設計文件或程式碼）的缺陷。假設開發人員因疲倦將程式碼中的加號誤植為減號，此缺陷在被執行時就會導致錯誤結果。例如，「2 加 6」的結果顯示為「-4」而非「8」。需要注意的是，如果缺陷所在的程式碼從未被執行，該缺陷將永遠潛伏於系統中，直到特定條件被觸發才會顯現。

失效只有在測試或運行期間才會變得明顯（例如輸出錯誤或系統崩潰等）。如果有缺陷的程式碼未被執行，系統可能看似正常運作。然而，失效不一定完全由缺陷所引起，也可能受到環境條件的影響。例如，電子元件過熱、電磁干擾或輻射等因素，皆可能導致硬體或韌體發生失效。

根本原因是導致問題（例如錯誤、缺陷或失效）的核心因素，通常涉及系統性、流程性或結構性問題。例如，加號誤植為減號的失誤，其表面原因可能是疲倦，但更深層次的根本原因可能包括工作時間過長、休息不足或資源分配不當。為了防止或減少未來類似問題的發生，進行根本原因分析（Root Cause Analysis）至關重要。此過程旨在找出錯誤頻繁出現的根源，例如，如果疲倦是由資源分配不當引起，那麼增加團隊成員或引入自動化工具來分擔工作，可能是一個有效的改善方法。

表 1.2.1 透過一個真實案例說明錯誤、缺陷、失效與根本原因的差異。在一次培訓課程中，我開啟輔助教學影片播放時，發現沒有聲音輸出，便立即通知技術人員協助處理。然而，由於問題無法立即定位，為了不影響課程進度，我決定先繼續授課，並讓技術人員在午休時間進行故障排除。經過檢查後，技術人員確認設備異常是由音效驅動程式未正確安裝所引起。後續的根本原因分析顯示，安裝人員對安裝流程缺乏瞭解，導致忽略關鍵步驟。重新正確安裝驅動程式後，設備即恢復正常運作。

表 1.2.1　根本原因、錯誤、缺陷和失效

術語	定義	範例
根本原因	導致問題的核心因素（修正後即可防止同類型問題再次發生）	缺乏安裝知識
錯誤	人為操作上的失誤，通常是根本原因的直接結果	忽略關鍵安裝步驟或者安裝錯誤版本的驅動程式
缺陷	錯誤具體化後，出現在系統或工作產品中的問題	音效功能無法正常運行
失效	缺陷被觸發後的具體表現，通常在執行或運行時顯現	播放影片時沒有聲音輸出

1.3 測試原則

歷經軟體測試領域多年的實務經驗累積和回饋，逐漸歸納出一些「測試原則」。這些原則不僅幫助我們更深入理解測試的本質，也為測試活動提供重要指引，使我們能夠更有效地執行測試工作，並確保測試活動符合專案需求。無論是在傳統開發模式或是敏捷開發環境中，這些原則都已被證實具有普遍的適用性。本章將介紹軟體測試的七大原則，這些原則不僅能協助測試團隊建立合理的測試策略，更能幫助專案團隊在資源有限的情況下，最大化測試效能，進而確保產品品質與專案的成功。

學習目標	難度	內容
FL-1.3.1	K2	解釋七個測試原則

1.3.1 測試原則

圖 1.3.1 展示軟體測試的七個核心原則：

- 測試顯露缺陷存在，而非證明不存在（Testing shows the presence, not the absence of defects）
- 窮舉測試是不可行的（Exhaustive testing is impossible）
- 早期測試可以節省時間和金錢（Early testing saves time and money）
- 缺陷群集效應（Defects Cluster Together）
- 測試失效（Tests Wear Out）
- 測試需依情境而異（Testing Is Context Dependent）
- 無缺陷謬論（Absence-of-Defects Fallacy）

01 測試基本概念

接下來,我們將依序深入探討這七個測試原則的詳細內容。

圖 1.3.1　七個測試原則

- **測試顯露缺陷存在,而非證明不存在**:雖然測試工作的主要目的是找出軟體缺陷,但我們必須認知到沒有任何測試方法能夠保證能找出所有的問題。正如著名電腦科學家迪傑斯特拉(Dijkstra)在 1969 年的軟體工程技術會議上所說:「測試能夠證明軟體有缺陷,但無法證明軟體沒有缺陷。」這個觀點告訴我們,測試能降低軟體中缺陷未被發現的風險,但即使測試過程中沒有發現問題,也不代表軟體完全沒有缺陷。測試人員不必因此感到氣餒,測試的真正價值在於將產品的潛在風險降低到可接受的程度,確保軟體能夠安全交付使用。

1-13

- **窮舉測試是不可行的**：除了微不足道的情況外，測試所有「一切」都是不切實際的。對於任何具有一定規模的軟體，測試案例的數量幾乎是無限的。考慮到時間和成本的限制，我們需要採取選擇性的測試策略，也就是說，測試人員應該根據風險評估和優先性來規劃測試工作的重點項目，同時也必須掌握適當的測試技巧，以確保測試的效率和效果。

- **早期測試可以節省時間和金錢**：在軟體開發專案中，測試活動常常因為時程壓力而被壓縮或忽略。如果我們等到所有開發工作完成後才開始測試，將會造成嚴重的後果，這是因為修復缺陷的成本會隨著發現時間的延遲而急遽上升。因此，我們應該採取「左移」（shift-left）測試策略，也就是儘早開始測試活動。及早發現問題不僅能節省時間和成本，更重要的是可以防止缺陷從需求階段逃竄到後續開發階段。舉例來說，如果能在需求階段就發現並修正問題，就能避免這些缺陷影響到之後的工作成果，從而降低整體品質成本。為了達到這個目標，除了常聽到的動態測試（在受測軟體可執行時進行），我們也應該同等重視靜態測試（在受測軟體尚未開發完成時進行）。

- **缺陷群集效應**：軟體系統中的缺陷並非隨機且均勻分佈在各個功能或模組中，反而往往集中在特定區域，呈現群集效應。也就是說，少數模組或功能可能包含大多數的缺陷，這種現象正是帕雷托法則（Pareto Principle），也稱為 80/20 法則的典型例證。造成缺陷總是群集在某些模組/功能的原因有許多，常見的有模組複雜性過高或是模組開發人員缺乏經驗等，如果我們可以事前預測到缺陷群集效應，就可以在有限時間內聚焦測試工作量以便發現最多的缺陷，最後，此資訊亦是風險導向測試（Risk-Based Testing, RBT）的重要輸入參數。

- **測試失效**：在準備證照考試時，我們可能按照計劃反覆練習，期待能順利通過。然而，若未達到預期，通常會調整學習策略，例如加強弱項或增加模擬練習，以更好地應對下一次考試。同樣地，如果重複執行相同測試，

這組測試案例隨著時間推移會逐漸失去檢測缺陷的能力。為了解決這種「殺蟲劑詭論」（Pesticide Paradox），測試案例需要定期審查和修改，並針對系統中新增加或修正的部分設計新的測試，或者使用不同的測試資料進行測試。然而，在某些情況下，重複執行相同的測試可能是有益的，例如在自動化回歸測試中，這能有效確認系統穩定性，避免因修改導致功能損壞。

- **測試需依情境而異**：這一個原則很容易理解，雖然微波爐的按鍵和洗衣機的按鍵看起來相似，但它們的開發和測試方式卻截然不同。測試應根據不同的情境採取適當的方法。例如，測試國防系統時，安全性是首要關注點；測試電子商務系統時，使用者體驗（例如一鍵下單的便利性）則更為重要；而測試像英雄聯盟這類的遊戲時，非功能性品質特徵（例如畫面流暢度與相容性）通常成為核心重點。因此，測試必須靈活調整，測試人員需要結合知識、技能、直覺、創造力和批判性思維，才能在不同專案背景和挑戰中制定出有效的測試策略。

- **無缺陷謬論**：僅依賴驗證來確保系統成功是錯誤的。即使對所有需求進行徹底測試並修復所有缺陷，也無法保證系統成功。因為即便系統技術上沒有任何缺陷（正確的驗證），如果無法滿足使用者的需求和期望（錯誤的確認），那麼再多的測試與修復也無濟於事。例如，設計一款英文學習APP，能否吸引使用者持續使用，取決於它是否真正解決學習痛點（例如追蹤學習進度或高效複習），而不是僅僅依靠系統的零缺陷。

1.4 測試活動、測試相關產物與測試角色

本章將深入探討測試流程的全貌。測試不只是執行測試案例，而是一系列有系統、有組織的活動，包括測試規劃、分析、設計、實施、執行和完成等階段。每個階段都對專案品質和風險管理產生重要影響。值得注意的是，測試流

程會根據專案的具體情境進行調整,並且不同的測試活動會產出相應的測試相關產物。因此,如何確保測試相關產物間的可追溯性至關重要。此外,測試過程中也會涉及多個不同角色,透過明確的分工與有效的協作,各個角色都能發揮最大效益,共同確保測試流程順利運行,最終提升軟體品質與專案的成功機率。

學習目標	難度	內容
FL-1.4.1	K2	解釋不同的測試活動及其相關工作
FL-1.4.2	K2	說明情境對測試流程的影響
FL-1.4.3	K2	區分支援測試活動的測試相關產物
FL-1.4.4	K2	解釋維護可追溯性的價值
FL-1.4.5	K2	比較測試中的不同角色

1.4.1 測試活動與工作

圖 1.4.1 展示軟體測試流程的七個必要測試活動:測試規劃(Test planning)、測試監控(Test monitoring and control)、測試分析(Test analysis)、測試設計(Test design)、測試建置(Test implementation)、測試執行(Test execution)以及測試完成(Test completion)。

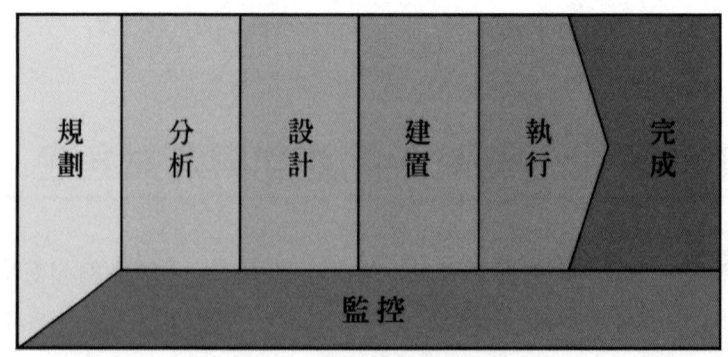

圖 **1.4.1** 軟體測試流程

上述活動的執行方式具有高度彈性，會根據系統特性和專案需求而調整。這些活動可以循序漸進、反覆執行，或同時進行多個活動。例如：

- 傳統開發方法（例如瀑布模型），通常會按照順序依次完成每個測試活動。
- 敏捷開發方法（例如 Scrum），測試活動會以迭代方式持續進行，每個 Sprint 都包含測試規劃、執行和回饋。
- 在某些情境下，測試活動可能會重疊進行以提高效率，例如在測試設計尚未完全完成時，就開始部分測試執行，藉此縮短測試週期。

接下來，我們將依序深入探討這七個測試活動的詳細內容。

測試規劃是一項關鍵性工作，主要目的是訂定測試目標，並依據專案的實際情況（包含時間、資源、成本和風險等因素），規劃出最適合且可執行的測試方案，以確保測試工作能達到預期成效。由於測試規劃是一個持續性的過程，測試計劃書可根據監控結果適時調整。這項工作主要由測試經理負責，有興趣深入瞭解的讀者可參考 CTAL-TM Syllabus 3.0，本書後續章節也會詳細說明測試規劃的細節。

測試規劃的主要工作內容包含但不限於：

1. 訂定測試目標、範圍及時程表。
2. 辨識並評估可能的風險。
3. 規劃達成測試目標所需的具體活動。
4. 制定測試的允入（Entry）和允出（Exit）標準。
5. 建立用於監控和評估的度量指標。
6. 撰寫測試計劃書作為執行指引。

這些工作為測試流程提供明確的方向和有效的支援。為了讓讀者更清楚瞭解如何在不同專案環境下確保測試工作達成目標，以下提供一個模擬案例（詳見表 1.4.1）：

案例說明：某金融機構正在開發線上銀行 APP，專案條件如下：

1. 時間限制：需在三個月內完成，以配合新法規實施。
2. 人力限制：僅有三位測試人員。
3. 預算限制：無法購買額外測試工具或外包測試工作。
4. 重要風險：由於涉及金融交易，資金轉帳功能和使用者資料安全為高風險項目。

表 1.4.1　考量整體專案情境制定測試策略

測試策略	具體例子
集中測試資源於高風險區域	採用風險導向測試（Risk-Based Testing），優先測試資金轉帳功能和資料加密，聚焦核心功能的穩定性與安全性。
導入部分自動化測試	利用免費測試工具（例如 Selenium），針對重複性高的測試情境進行自動化測試，以節省人力和時間。
進行逐步測試並與開發緊密合作	採取敏捷測試方式，在每個開發迭代中進行小範圍測試，快速驗證新功能，減少後期發現重大缺陷的可能性。
設定允入與允出標準	允入標準：資金轉帳功能必須在模擬環境中完成至少 50 筆交易測試，並確認交易記錄與帳戶餘額的更新正確，才能進行更大規模的系統測試。 允出標準：高風險功能的測試覆蓋率達到 95%。

測試監控分為「監督」和「控制」兩個主要部分。測試監督是透過計劃中設定的度量指標，持續追蹤實際進度與預期進度的差異。而測試控制則是根據監督結果採取必要的行動，確保能達成測試目標。換句話說，團隊會根據監督所

1-18

發現的情況（例如進度落後、測試遇到的問題或新發現的風險），及時調整策略或採取相應措施，以確保測試工作能如期完成。

測試團隊需要定期向利害關係人報告測試進度，無論是以書面或口頭形式，都必須清楚說明與計劃的重大差異，以及測試過程中遇到的障礙和解決方案。關於測試進度報告的詳細內容將在第五章詳細說明，讀者也可以參考 ISO/IEC 29119-3 標準獲取更多資訊。

測試分析的核心任務是確定「要測試什麼」。為達到這個目標，我們需要可靠的測試依據（Test Basis）作為基礎。

測試依據是指所有描述系統預期行為的資訊來源，主要包含但不限於：

- 需求規格書
- 使用案例（Use Cases）
- 使用者故事（User Stories）
- 程式碼
- 商業規則
- 設計文件
- 法規要求（例如 GDPR）

透過分析測試依據，我們就可以識別測試條件（Test Condition），即具體的測試方向。但要注意的是，測試依據的品質會直接影響分析結果，如果測試依據模糊或矛盾，可能會導致測試範圍不完整、測試重點偏離或無法達成預期目標等。由於測試條件是從測試依據中衍生出來的可測試觀點，為後續的測試案例設計提供明確方向。所以測試條件通常有很多個，需根據風險等級、業務重要性或技術複雜度等進行優先排序。

測試條件可以從以下三個觀點來思考：

- **功能觀點**：驗證系統功能是否符合預期，例如「購物車」功能是否能正確增加商品，計算機是否能準確執行運算。

- **品質觀點**：評估效能、可靠性和安全性等系統非功能性特徵。例如網站在高流量下的回應時間，或系統是否能防止未授權存取。

- **結構觀點**：驗證系統內部結構和邏輯的正確運作，例如程式邏輯的正確性、模組間的依賴關係及 API 回傳資料的符合性。

以網路銀行的使用者故事為例：「身為網路銀行客戶，我希望能夠透過網路銀行安全轉帳給其他帳戶，以便方便管理我的財務」，這個使用者故事包含以下六個驗收標準：

- 使用者必須能成功登入網路銀行系統

- 使用者可以選擇收款人帳戶並輸入轉帳金額

- 系統必須確認轉帳金額在允許範圍內（新台幣 10 元至 10,000 元）

- 使用者必須透過一次性密碼（OTP）進行交易驗證

- 轉帳完成後，系統應顯示交易成功訊息並提供交易明細

- 系統應針對異常狀況（例如餘額不足、OTP 驗證錯誤）顯示清楚錯誤提示

表 1.4.2 說明如何運用 ISO/IEC 25010 的品質特徵作為設計測試條件的指引，幫助我們發展相關的測試條件。

表 1.4.2　以 ISO/IEC 25010 的品質觀點建立測試條件

品質特徵	測試條件
功能適合性	● 測試使用者是否能夠成功登入網路銀行並執行轉帳操作 ● 測試系統是否能夠正確處理不同的轉帳金額，並依照規則拒絕不符合要求的交易（例如低於 $10 或高於 $10,000）

01 測試基本概念

品質特徵	測試條件
效能效率	• 測試轉帳請求的處理時間是否在 2 秒內完成 • 測試高並發情境下（例如 1000 名使用者同時進行轉帳）系統是否能維持穩定效能
相容性	• 測試網路銀行是否可在不同瀏覽器（Chrome、Firefox、Edge）與裝置（手機、平板、電腦）上正確運作 • 測試 API 介接時，轉帳功能是否能正常與第三方支付平台互通
互動能力	• 測試網路銀行使用者介面是否清晰，使用者能否輕鬆找到轉帳功能 • 測試使用者輸入錯誤資料時（例如無效的帳號格式），系統是否提供即時錯誤訊息
可靠性	• 測試在系統維護期間，轉帳功能是否正確回應（應顯示維護通知，而非系統錯誤） • 測試當系統遇到非預期錯誤（例如網路連線中斷）時，是否能自動恢復或提示使用者重試
資訊安全	• 測試是否需要 OTP 驗證以確保交易安全 • 測試未授權使用者是否能夠透過 API 或惡意操作進行未經授權的轉帳
可維護性	• 測試當銀行修改交易金額範圍（例如 $10,000 提高至 $50,000）時，是否能快速更新設定而不影響系統其他功能 • 測試當系統進行升級時，是否能確保轉帳歷史記錄完整保存
靈活性	• 測試系統是否允許不同類型帳戶（例如個人帳戶與企業帳戶）有不同的轉帳限制 • 測試使用者介面是否能根據不同地區的法規自動調整（例如某些國家可能有較低的轉帳上限）
安全性	• 測試錯誤交易（例如系統錯誤導致重複轉帳）是否能被銀行風險控制機制即時攔截 • 測試當使用者操作錯誤（例如輸入錯誤帳號）時，系統是否提供取消機制或進一步確認步驟

1-21

除了從品質觀點建立測試條件外，在進行測試分析時，我們還可以應用測試技術來系統化分析測試依據，以確保測試條件的完整性與有效性。例如決策表測試（Decision Table Testing）能確保測試涵蓋各種可能的輸入組合，而狀態轉換測試（State Transition Testing）則著重於驗證系統在不同狀態間轉換的正確性。利用此二種測試技術分析上述測試依據（網路銀行的使用者故事）就可以建立一組測試條件，如表 1.4.3 所示。

表 1.4.2 和表 1.4.3 所列的三組測試條件（ISO/IEC 25010 品質特徵、決策表測試、狀態轉換測試）雖然關注的層面不同，但它們可以相互補充或交叉驗證，以提升測試的完整性與一致性。

表 1.4.3　以測試技術建立測試條件

測試技術	測試條件
決策表測試	● 測試「餘額充足與正確 OTP」下是否成功轉帳 ● 測試「餘額不足與正確 OTP」下是否拒絕交易 ● 測試「餘額充足與錯誤 OTP」下是否拒絕交易
狀態轉換測試	● 測試輸入錯誤 OTP 3 次，系統是否鎖定交易 ● 測試轉帳成功後，交易紀錄是否即時更新

測試設計是將測試條件轉化為具體測試案例和其他測試相關產物（例如測試章程）的過程。在設計過程中，團隊會先確定需要測試的覆蓋項目，這些項目是設計測試案例的重要依據，通常會搭配特定的測試技術來執行。例如，當使用決策表測試技術時，覆蓋項目就是決策規則數量。雖然測試設計可以和測試建置同步進行，但設計階段還包括確定測試資料需求、規劃測試環境，以及選擇所需的基礎設施和工具。

測試案例必須明確定義測試成功（通過）或失敗。測試計畫中的覆蓋率要求會決定所需的測試案例數量。如果測試案例過多，團隊可以根據需求重要性或風險等級來決定優先性，優先執行最關鍵的測試以便確保資源有效運

用，並及時發現重要問題。表 1.4.4 以登錄功能為例，說明測試案例應包含的基本欄位。

表 1.4.4　測試案例：登錄功能

識別碼	TC_Login_01
目標	驗證使用者是否能夠使用正確的帳號和密碼成功登錄
優先性	高（這是關鍵功能，系統登錄必須可用）
可追溯性	<ul><li>需求 ID：REQ_001</li><li>測試條件：使用者成功登錄</li></ul>
前置條件	<ul><li>使用者已經在系統中註冊並擁有有效帳戶</li><li>使用者知道自己的帳號和密碼</li></ul>
輸入	<ul><li>使用者名稱：testuser</li><li>密碼：password123</li></ul>
期望輸出	<ul><li>登錄成功，系統應顯示首頁或使用者個人資料頁面</li><li>顯示使用者名稱：歡迎, testuser</li></ul>
實際結果	測試執行後依據系統回應填寫

測試建置是準備執行測試所需資源（例如測試資料）的活動。在這個活動中，測試案例會被整理成測試程序，再組合成測試集，它們之間的關係如圖 1.4.2 所示。根據測試特性、時間限制和成本考量，測試人員需要決定採用手動或自動化測試：

- **手動測試**：由測試人員親自執行，特別適合需要靈活應變的場景，例如探索性測試或可用性測試。

- **自動化測試**：使用工具（例如 Selenium）執行，適合大規模或重複性的測試，可以顯著提升測試效率和一致性。

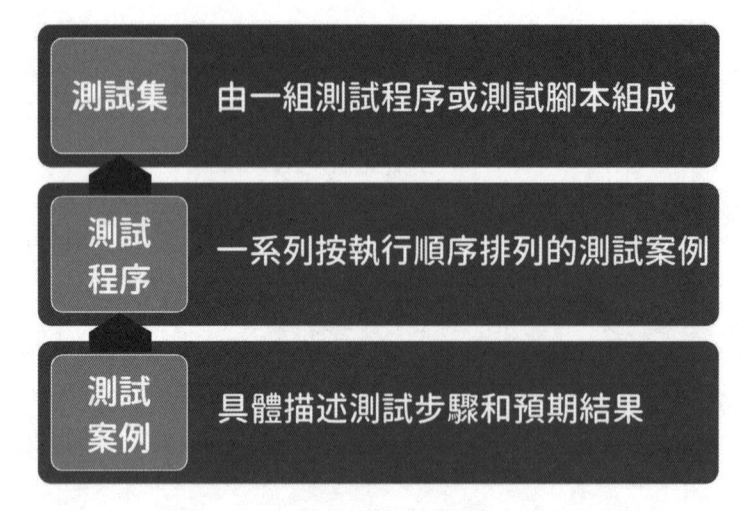

```
測試集    —— 由一組測試程序或測試腳本組成

測試
程序    —— 一系列按執行順序排列的測試案例

測試
案例    —— 具體描述測試步驟和預期結果
```

圖 1.4.2 測試案例、測試程序、測試集

確認測試環境是否準備就緒是這個活動的重要工作。環境可能包括硬體、軟體、測試工具，以及模擬外部服務的虛擬化系統。以登錄功能為例，如果測試時會員資料庫尚尚未準備好，此時，測試人員可以設置服務虛擬化，使用工具（例如 WireMock）來模擬會員資料庫。當系統嘗試查詢會員資料時，虛擬資料庫會返回預設的會員資訊。測試人員會在測試前確認虛擬資料庫能正確回應系統查詢。透過執行一些簡單的測試請求（例如，模擬使用者登入操作，並確認虛擬資料庫回傳特定使用者資料），來檢查虛擬服務是否按預期回傳正確資料。確保服務可用與準備就緒。

測試執行是將測試計畫轉化為具體行動的關鍵階段。在這個階段，測試團隊會依照計畫進行手動測試或自動化測試，驗證產品是否符合需求和品質標準。測試可以採用不同形式，例如：

- **持續測試**：在整個開發過程中持續評估系統的穩定性
- **成對測試**：由兩位測試人員合作進行，以提高發現問題的效率和準確度

在執行測試時，測試人員需要：

- 詳細記錄測試步驟和觀察到的結果
- 將實際結果與預期結果進行比對
- 分析發現的異常情況（anomalies），找出可能原因

有時測試可能會出現「假陽性」（false positives），也就是測試結果顯示有問題，但實際上並沒有問題的情況。例如，當需求文件未明確說明折扣計算規則時，系統計算結果可能與測試人員的預期不同，這種情況可能被誤判為缺陷，但實際上是因為需求定義不清所導致的誤解。

測試執行中有兩種重要的測試類型：

- **確認性測試**：檢查已修復的問題是否確實解決
- **回歸測試**：檢查修復問題時是否影響到其他功能，確保系統整體穩定性

測試完成是測試流程的最後階段，其目的是總結測試成果並為未來專案提供經驗參考。在這個階段，測試團隊需要完成以下工作：

- **資料收集與分析**：整理所有測試活動的相關資料，例如缺陷分布情況、執行時間和資源使用狀況等；同時要記錄並評估所有未解決的缺陷，確保這些問題能在後續能妥善處理；最後，根據測試結果提出改善建議或缺陷修正清單，以協助產品品質的持續提升。

- **資源整理與移交**：整理並妥善儲存所有測試相關產物，例如測試腳本、測試資料和測試報告等；歸還所有使用過的測試設備和模擬器等硬體資源；同時將測試環境恢復至初始狀態，以便釋放資源供其他專案使用。

- **撰寫測試總結報告**：詳細記錄所有測試活動的結果，包括測試進度、問題處理情況和測試覆蓋率等；同時要評估測試的整體效率；並提供具體改善建議，以幫助提升後續專案效率。此外，報告呈現方式必須讓所有利害關

係人容易理解，確保他們對測試結果有清楚認識，以作為專案決策的重要依據。

完成這些工作不僅能為當前專案畫下完整的句點，也能為未來專案奠定更好的基礎。

1.4.2 測試流程與情境的關係

測試是軟體開發流程中不可或缺的環節，主要目的是確保產品符合需求規範和品質標準。為達到最佳效果，測試工作必須與整體開發流程密切配合。例如在敏捷開發中，測試需要與開發同步進行，才能及時提供回饋並協助改善產品。值得注意的是，測試流程並非固定不變，而是要根據專案實際情況靈活調整執行方式。影響測試執行的情境因素（Contextual Factors）可歸納為以下八大類：

- **利害關係人**：包括需求、期望、規範和測試團隊合作意願等。例如，若客戶高度重視安全性，測試將需要包含更嚴格的安全性測試。

- **團隊成員**：涵蓋技能、知識、經驗、培訓需求和團隊協作關係。例如，若測試團隊對自動化測試工具不熟悉，則可能較依賴手動測試。

- **業務範疇**：包括受測物的重要性、已識別風險、市場需求和法規規範等。例如，銀行系統需要高精準度的數值驗證，而醫療軟體則可能需要合規性測試。

- **技術因素**：軟體類型、產品架構和使用技術等。例如，Web 應用與嵌入式系統的測試方式會有所不同。

- **專案限制**：包括範疇、時間、預算和資源等。例如，在時程緊迫的專案中，可能會採用風險導向測試，專注於高風險區域。

- **組織因素**：組織結構、既有政策和實務作法等。例如，高 CMMI 等級的組織通常遵循標準化流程。

- **軟體開發生命週期**：包括工程實務作法和開發方法等。例如，瀑布式開發與敏捷開發的測試時機和方式有明顯差異。

- **工具**：涵蓋工具的可用性、易用性和合規性等。例如，採用 DevOps 的專案需要導入 CI/CD 測試工具。

這些情境因素主要影響測試的六個層面，包含測試策略、測試技術、測試自動化程度、測試覆蓋率、測試相關產物的詳細程度及測試報告呈現方式。CTFL Syllabus 特別強調這六個層面，是因為它們最容易受到影響，且在大多數測試專案中都適用。需要注意的是，某些情境因素可能對特定層面影響較大，對其他層面影響較小或無影響，因此分析時需要具體判斷各因素的影響範圍。

以測試策略和自動化程度為例：專案限制和業務領域主要影響測試策略，例如高風險的銀行交易系統會強調風險導向測試；而在敏捷開發中，測試策略可能以持續測試為核心，並結合測試驅動開發。至於測試自動化程度，則主要受工具、專案限制和團隊成員影響，例如 DevOps 環境傾向高度自動化，而缺乏自動化技能的團隊則可能較依賴手動測試。

1.4.3 測試相關產物

測試相關產物（Testware）指的是測試過程中產生的各種工作成果。根據 ISO/IEC 29119-3 規範，常見的測試相關產物包括 13 種測試文件（詳見表 1.4.5），其具體內容與欄位可參考該標準中的詳細規定。值得注意的是，這些測試文件可以採用多種形式存在，包括紙本文件、測試工具中的電子記錄、表格、心智圖，甚至是白板討論照片等。

表 1.4.5　測試文件

類型	測試文件
測試規畫	測試方針（Test Policy）
	組織測試實務（Organizational Test Practices）
	專案測試計畫（Project Test Plan）
	測試層級計畫（Level Test Plan）
	測試類型計畫（Type Test Plan）
測試設計	測試模型規格（Test Model Specification）
	測試案例規格（Test Case Specification）
	測試程序規格（Test Procedure Specification）
	測試資料需求（Test Data Requirements）
	測試環境需求（Test Environment Requirements）
測試執行	測試執行日誌／記錄（Test Execution Log）
	實際結果與測試結果（Actual Results and Test Result）
	測試事件報告（Test Incident Report）
測試報告	測試狀態報告（Test Status Report）
	測試總結報告（Test Completion Report）
	測試數據就緒報告（Test Data Readiness Report）
	測試環境就緒報告（Test Environment Readiness Report）

不同組織可能會採用不同的方式來產生、設計、命名、組織和管理這些成果。為了確保一致性和完整性，許多企業會使用測試管理工具和缺陷管理工具來進行統一管理。表 1.4.6 列出 CTFL Syllabus 中提到的各種測試相關產物，以及它們分別對應的七個測試活動。

表 1.4.6　測試活動對應的測試相關產物

測試規劃	• 測試計劃（包含測試時程表、風險清單、允入標準和允出標準） • 風險清單記錄風險及其發生機率、影響程度與應對措施
測試監控	• 測試進度報告 • 控制指令文件：記錄測試過程中的控制措施或決策 • 與風險相關資訊：在測試過程中收集、分析和記錄的風險資料，幫助測試團隊識別潛在問題並採取適當措施
測試分析	• 排序測試條件（例如驗收標準） • 與測試依據相關但尚未修復的缺陷報告
測試設計	• 排序測試案例 • 測試章程（Test Charters） • 覆蓋項目：需要測試的項目，通常與需求或程式碼結構相關 • 測試資料需求與測試環境需求
測試建置	• 測試程序：測試案例的執行順序（避免依賴問題） • 手動和自動化測試腳本 • 測試套件 • 測試資料：為測試案例分配具體的輸入值和期望結果 • 測試執行時程表：測試執行階段的具體時間安排 • 測試環境項目：Stubs、Drivers、Simulators 和服務虛擬化
測試執行	• 測試日誌 • 缺陷報告
測試完成	• 測試總結報告 • 專案或迭代之後續改善作為 • 經驗與學習 • 變更請求（例如產品待辦事項）

1.4.4 測試依據與測試相關產物的可追溯性

有效的測試監控和控制需要在各個測試元素間建立並維持可追溯（traceability）性，包括測試依據、測試相關產物（例如測試條件、風險、測試案例）、測試結果及缺陷。

可追溯性可分為三種類型，以下用需求和測試案例的關係來說明（例如圖 1.4.3 所示）：

1. **前向追溯性（Forward Traceability）**：從需求追蹤到相關的測試案例。例如，在測試規劃階段，測試人員需要「確認」每個需求是否都有對應的測試案例，避免遺漏任何需求項目。

2. **反向追溯性（Backward Traceability）**：從測試案例追溯回原始需求。當執行測試時，測試人員需要「驗證」每個測試案例是否確實對應到特定需求，確保不會進行多餘或偏離目標的測試。

3. **雙向追溯性（Bidirectional Traceability）**：結合前向和反向追溯，讓團隊能從任一方向檢視需求和測試案例的對應關係，確保測試完整性。

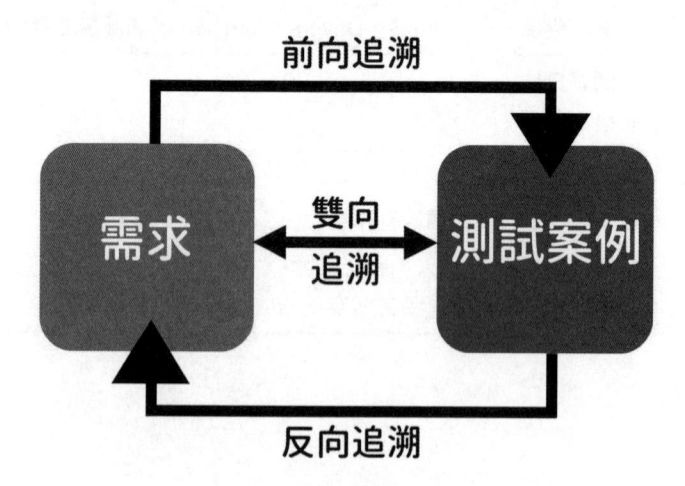

圖 1.4.3　三種可追溯性

01
測試基本概念

　　準確的可追溯性有助於評估測試覆蓋範圍，並作為關鍵績效指標（KPI），用來展示測試目標的達成程度。

　　分析需求覆蓋率是測試完整性的重要指標。以圖 1.4.4(A) 說明：需求 1 被 TC1、TC2、TC3、TC5 覆蓋，需求 3 則由 TC1、TC4、TC5 覆蓋；相較之下，需求 2 完全沒有對應的測試案例，顯示測試規劃中存在明顯缺口。測試團隊應立即補充相關測試案例，確保所有需求均獲得充分覆蓋，避免遺漏潛在風險。

　　可追溯性分析也能有效評估測試對各項風險的覆蓋程度。以圖 1.4.4(B) 說明：風險 1 由兩個測試案例（TC1、TC4）覆蓋；風險 2 則有三個測試案例（TC1、TC2、TC5）覆蓋，而風險 3 也由兩個測試案例（TC3、TC4）負責測試。假設在實際執行中，五個測試案例中僅有 TC3 未能通過，則實際的風險覆蓋率為 80%（前提為：僅計入已執行且成功通過的測試案例）。此資訊不僅反映測試執行的整體狀態，也為風險管理提供具體的量化評估依據。

測試案例	需求1	需求2	需求3
TC1	○		○
TC2	○		
TC3	○		
TC4			○
TC5	○		○

可追溯性矩陣(A)

測試案例	風險1	風險2	風險3
TC1	○	○	
TC2		○	
TC3			○
TC4	○		○
TC5		○	

可追溯性矩陣(B)

圖 1.4.4　需求覆蓋率與殘餘風險評估

　　可追溯性在測試過程中提供多方面的價值：在變更管理方面，它能幫助團隊評估需求變更對測試規劃的連鎖影響。在 IT 治理要求上（例如 GDPR），可追溯性提供清晰的稽核軌跡，確保所有涉及個人資料處理的功能模組（包括資料加密、刪除及存取控制等）都經過完整的測試驗證。在專案管理中，可追溯性也扮演著重要的溝通橋樑角色。它能將技術層面的測試狀態（例如需求測試

1-31

情況與缺陷修復進度）轉化為易於理解的報告，促進專案團隊與利害關係人之間的有效溝通。更重要的是，這些資訊能夠支援關鍵的專案決策，例如透過分析測試覆蓋率來評估產品品質是否達到預期標準，判斷測試流程是否需要最佳化，以及確認專案進度是否符合計劃等。

1.4.5 測試中的角色

根據 CTFL Syllabus，測試工作可以分為兩大類型：測試管理角色（Test management role）與測試角色（Testing role）。這二種角色的具體職責會因專案特性、產品特性、開發流程和成員技能等因素而有所不同。在實際工作中，團隊成員可能會在不同階段擔任不同角色，例如測試管理工作可能由團隊領導者、測試經理或開發經理負責。有時，一個人也可能同時兼顧測試和管理的職責。

測試管理角色的主要責任是掌握整體測試流程、組織測試團隊並領導測試活動。其核心工作包括但不限於：

- 規劃和執行測試策略
- 管理測試相關風險
- 持續調整測試計畫
- 監控測試結果
- 協調資源和測試環境
- 提供團隊必要的工具支援
- 培訓測試人員
- 促進團隊發展
- 維護團隊在組織內的專業形象

值得注意的是，在敏捷開發環境中，部分管理工作可能由團隊共同完成，而跨團隊或組織層面的工作則通常由專職測試經理負責。

測試角色則專注於技術層面的工作，其核心工作包括但不限於：

- 參與測試計劃
- 分析需求和測試基準
- 設計和執行測試案例
- 準備測試資料
- 記錄測試結果
- 使用測試管理和自動化工具

測試角色不限於專職測試人員，開發人員進行單元測試或使用者執行驗收測試時，也都屬於測試角色的範疇。具備專業技術的測試人員能在不同測試層級（例如單元測試、系統測試和驗收測試等）發揮重要作用，確保測試工作專業性和有效性。

1.5 測試所需的必要技能與最佳實務

具備適當技能與最佳實務作法，對於提升測試效率與確保產品品質至關重要。測試人員除了需要掌握專業技術知識外，更要著重於溝通與協作能力。尤其是整體團隊方法（Whole Team Approach）中，測試人員必須與開發人員、業務分析師等角色密切合作，以確保測試活動能有效支援專案目標。同時，測試人員也需要充分理解測試獨立性的優缺點，並在實務中找到適當平衡點，以最大化測試成效。本章將深入探討測試過程中的關鍵技能，包括技術專業知識、有效溝通協作能力，以及如何依據不同專案需求來調整測試獨立性，從而協助測試團隊在各種專案環境中發揮最大效益。

學習目標	難度	內容
FL-1.5.1	K2	舉例說明測試所需的必要技能
FL-1.5.2	K1	回憶整體團隊方法的優點
FL-1.5.3	K2	區分測試獨立性的優缺點

1.5.1 測試所需的必要技能

測試人員的專業技能可以透過知識持續學習與實務經驗不斷提升。一位優秀的測試人員需要具備以下關鍵技能，以確保工作品質：

- **測試知識**：熟悉各種測試技術並能靈活運用，有效提升測試成效。
- **細心謹慎**：好奇心強且注重細節，採用系統化方法發現不易察覺的問題。
- **溝通能力**：能夠積極傾聽並與所有利害關係人有效互動，清晰傳達測試資訊、缺陷報告，並具備良好的討論技巧。
- **分析與批判性思維**：具備創造力，能靈活思考並持續改進測試方法，提升測試效果。
- **技術知識**：熟悉並能靈活運用各種測試工具，提升工作效率。
- **領域知識**：充分理解產品領域，並能與最終使用者或客戶代表有效溝通。

在軟體測試領域中，除了關注測試流程和技術能力外，測試人員還需要深入理解人類的心理層面。首先，人類普遍存在確認性偏差（confirmation bias）的認知傾向，即傾向尋找支持自己觀點的證據，而忽略相反事實。就像球迷總是相信自己支持的球隊能在逆境中創造奇蹟一樣，開發人員面對測試報告中的缺陷時，也可能傾向認為是測試誤判，而非程式本身的問題。此外，儘管測試對專案成功和產品品質至關重要，但有些人仍將其視為破壞性活動。測試人員經常需要傳達產品缺陷等不利消息時，也必須瞭解人們往往會遷怒於帶來壞消息的人。

因此溝通技巧對測試人員來說是一項極為重要的軟實力。根據歷年 State of Testing 調查報告，這項技能一直被評為 QA 最關鍵的能力之一，在最新的 2025 年調查中，其重要性更高達 75%。因此，測試人員在報告問題時應採取建設性的方式，避免引發他人的防禦心理，並專注於問題本身和解決方案。

以密碼驗證功能不完整為例，測試人員應避免直接指出「密碼驗證做得不完善」，而是採用更建設性的表達方式——先陳述事實：「我們發現目前密碼驗證流程未涵蓋英文字母大小寫的區分，可能不符合安全需求。我們是否可以一起確認這部分需求？」接著提供解決方向：「或許我們可以加入更多驗證條件，例如要求密碼同時包含大寫字母、小寫字母和特殊符號來提升安全性。」最後邀請協作：「我們能否一同檢視密碼驗證邏輯，確保其覆蓋所有必要的安全條件，並同步更新相關測試案例來驗證這些改善？」這種表達方式不僅有助於問題解決，更能促進團隊合作與正向溝通。

1.5.2 整體團隊方法

測試人員的一項核心技能是能在團隊中有效合作，並積極協助其他成員共同實現團隊目標，上述技能是實現整體團隊方法（Whole Team Approach）的基礎。

整體團隊方法是源自極限編程（Extreme Programming）並被 Scrum 採用的實務做法，其核心理念是團隊所有成員不分職稱或角色，都要共同為目標負責、一起分擔成敗。團隊通常使用共享工作空間（可以是實體或虛擬空間）來加強即時溝通與協作，每位成員都依據個人專長貢獻團隊，而非受限於正式職務。舉例來說，測試人員除了負責測試設計與執行外，也會參與需求討論，幫助釐清驗收標準，甚至協助開發人員進行單元測試。

在整體團隊方法中，品質不再只是測試人員的責任，而是整個團隊共同努力的成果，這種全員參與的協作模式對團隊的成功至關重要，特別是在測試工作

方面。實務上，採用整體團隊方法的團隊還必須具備跨職能特質，意味團隊需要擁有完整的測試所需技能，能勝任風險導向測試、自動化測試及手動探索性測試等各種測試工作，藉此更有效率確保測試品質，共同達成專案目標。

整體團隊方法雖然有其優點，但並非適用於所有情況。舉例來說，開發高安全性軟體時，為確保測試結果的客觀性和準確性，往往需要較高程度的測試獨立性。同樣地，處理敏感資料的專案需要嚴格的保密措施，而新產品開發過程中的某些關鍵功能也可能需要在上市前保持機密。因此，團隊在選擇是否採用整體團隊方法時，應該根據專案的具體需求來評估和調整，以確保測試能有效達成目標。例如，某銀行的支付系統開發專案中，涉及資金交易的核心功能就必須由獨立測試團隊進行驗證，而非採用整體團隊方法。

1.5.3 測試獨立性

測試獨立性可以分為以下四種程度：

- 無獨立性（no independence）：由工作產品的作者自行測試

- 低度獨立性（Low independence）：由開發者所屬團隊的其他成員進行測試

- 高度獨立性（High independence）：由組織內部其他團隊的測試人員負責測試

- 非常高獨立性（Very high independence）：由組織外部的測試人員執行測試工作

以下我們將以程式碼測試為例，說明不同測試獨立性的情況。在這個情境中，工作產品指的是開發人員撰寫的程式碼。

- 無獨立性：開發人員自行測試自己撰寫的程式碼屬於無獨立性測試，適合

快速驗證功能，但因缺乏客觀性，不應作為主要品質保證手段。

- **優點**：開發人員對程式碼邏輯和設計最為熟悉，能快速發現問題；可能發現其他測試人員容易忽略的細微問題；缺陷在開發早期就能被發現和修復，有效降低修復成本。

- **缺點**：開發人員可能對自己的程式碼存在認知偏差，導致測試不夠嚴謹；容易產生主觀評估，忽略潛在的隱藏缺陷；此外，要求開發人員親自破壞自己辛苦完成的作品，往往違背人性本能，增加測試的心理障礙。

● **低獨立性**：由開發團隊內部成員執行測試，例如開發人員測試彼此撰寫的程式碼，屬於低獨立性測試。在靜態測試中，低獨立性的同儕審查（Peer Review）也廣泛應用於程式碼、需求文件與測試案例，用以早期發現缺陷並提升工作產品品質。

- **優點**：由不同人進行測試，能提供獨立的觀點，有助於發現程式碼中的潛在問題，此外，測試人員作為團隊的一部分，能與其他成員密切合作，良好的團隊溝通與協作，有助於共同提升產品品質。

- **缺點**：測試工作可能顯得孤立且吃力不討好。測試人員可能因顧慮人際關係，而不敢直接指出問題，此外，為避免引發團隊衝突，回饋意見可能過於保守，降低測試的嚴謹性和效果。

● **高度獨立性**：由開發團隊外的專業測試團隊或其他部門成員執行，並直接向專案管理層或高層主管報告，這種方式能確保測試活動的客觀性與透明性。為促進有效合作並降低潛在摩擦，高度獨立性的測試團隊應具備明確的角色定義和報告結構，測試經理可擔任溝通橋樑，以協調測試與開發雙方的互動。

- **優點**：由專業測試團隊執行測試，能提升測試的專業性、測試過程更加客觀且具一致性，有助於準確發現缺陷並提高產品品質。

- **缺點**：可能導致測試團隊與開發團隊之間產生對立情緒，影響團隊協作與溝通。此外，開發人員可能過度依賴測試團隊，減少自我測試的頻率，導致初期測試不足，延後發現的問題將增加修復成本和風險。

- **非常高獨立性**：由組織外部的獨立測試人員執行測試，可能在專案所在地（如辦公室）或在其自身的工作場所（遠端）進行測試，通常涉及將測試工作委託給專業的外包服務商，這種方式尤其適用高風險、高合規性領域（例如醫療器材、金融交易系統、安全性關鍵軟體）。

  - **優點**：由組織外部的測試人員執行測試，可以帶來豐富的測試經驗與專業性，並且避免受到內部政策或團隊文化的影響，確保測試過程的客觀性和新視角。

  - **缺點**：外部測試人員可能對產品瞭解不足（例如對於產品的複雜邏輯或特定使用情境不夠熟悉），可能導致測試的深度與效率受限。此外，外包測試的成本通常較高，對預算有限的專案而言可能形成負擔。最後，信賴度也是一大挑戰，尤其在涉及敏感資料或關鍵功能的測試時，需要額外的溝通與保密措施，來確保測試工作的可靠性與資料安全。

對於大多數專案而言，採用多層次的測試獨立性通常是最佳選擇。這種方法將測試工作分配給不同角色，根據各自的專業知識和責任範圍，從多角度對系統進行全面檢查，以降低問題遺漏的風險。

常見的多層次測試獨立性安排如下：

- **開發人員執行單元測試和單元整合測試**：開發人員熟悉程式碼的邏輯和細節，能迅速發現功能錯誤或整合問題。特別是在撰寫程式碼後立即進行測試，有助於減少缺陷進一步影響後續階段。

- **測試團隊執行系統測試和系統整合測試**：專業的測試團隊具備更強的測試技能和工具支持，能以獨立且全面的視角驗證系統是否符合需求，並檢查模組間的整合是否順暢。
- **客戶代表執行驗收測試**：業務代表最瞭解使用者需求和商業流程，由其主導的驗收測試能有效確認系統是否符合最終使用者的期望，並為系統是否準備好投入使用提供關鍵意見。

無論是最低程度的測試獨立性還是最高程度的測試獨立性，都各有其優點和缺點。以下總結測試獨立性的主要優點和缺點。

- 優點：
  - 獨立測試人員因具備不同的專業背景和技術視角，往往能發現開發團隊容易忽略的問題。例如，開發醫療預約系統時，具行政經驗的測試人員可能建議測試多科別預約時段衝突，這是技術導向的開發人員可能忽略的情境。
  - 能以客觀立場審查，並對系統設計提出建設性的質疑。例如，針對身分證字號驗證，開發團隊可能假設使用者輸入正確，但獨立測試人員會考慮異常情況，例如字號長度不符、字母大小寫混用、非法字元等，並設計測試案例確保系統能正確處理這些情境，避免錯誤或崩潰。正是因為沒有既定的預設立場，獨立測試人員能夠以更全面視角為品質把關。

- 缺點：
  - **溝通障礙**：可能與開發團隊產生隔閡，導致協作效率降低，甚至形成對立關係。例如，測試團隊發現會員註冊的資料驗證有漏洞，但因與開發團隊分處兩地且無共同會議機制，問題往往因來回郵件討論而延宕處理，影響團隊合作。

- **開發人員喪失品質責任感**：例如開發人員可能會省略單元測試的撰寫，認為反正有專門測試團隊會負責測試，結果導致程式碼品質下降。

- **品質與進度的兩難選擇**：當銀行系統更新專案需在年底上線時，測試團隊發現支付模組有安全漏洞。開發團隊為趕進度想「先上線後修復」，但測試團隊堅持完整測試，導致衝突。

02

貫穿軟體開發生命週期的測試

2.1 軟體開發生命週期中的測試

2.2 測試層級與測試類型

2.3 維護性測試

本章探討測試在軟體開發生命週期中的關鍵角色與價值，說明測試活動如何從需求分析到系統維護貫穿開發過程，確保軟體品質。讀者將瞭解測試層級（例如單元測試與整合測試等）與測試類型（例如功能測試與非功能測試等）的差異及應用，認識影響分析在維護性測試中的重要性，結合回歸測試確保系統變更後的穩定性。透過測試與開發活動的緊密整合，實現早期測試，進而提升效率並促進高品質軟體交付。

本章包含三個主題（涵蓋 10 個學習目標），這些內容組成 6 道考題的命題範圍。

- 軟體開發生命週期中的測試
- 測試層級與測試類型
- 維護性測試

K Level	學習目標	考題數量
K1	2.1.2 回顧適用於所有軟體開發生命週期的良好測試實務 * 2.1.3 回顧測試優先導向開發方法的範例 *	2
K2	2.1.1 解釋軟體開發生命週期對測試的影響 2.1.4 總結 DevOps 可能對測試產生的影響 2.1.5 說明左移 2.1.6 說明如何使用回顧用於流程改善機制 2.2.1 區分不同的測試層級 2.2.2 區分不同的測試類型 2.2.3 區分確認性測試和回歸測試 2.3.1 總結維護性測試及其觸發因素	4

* 必考一題

2.1 軟體開發生命週期中的測試

測試是軟體開發生命週期不可或缺的一環，其範疇、時機與方式會因開發模型（例如瀑布式、迭代式、增量式）而異。本章探討開發模型對測試的影響，協助設計適當測試策略，介紹 DevOps 如何透過持續整合與持續交付提升測試效率與自動化程度，並闡述左移（Shift Left）概念如何透過早期測試降低修復成本。同時，亦解釋回顧會議作為流程改善機制的作用，以及 TDD、BDD、ATDD 等測試優先導向方法如何融入開發活動，促進高品質軟體交付。

學習目標	難度	內容
FL-2.1.1	K2	解釋軟體開發生命週期對測試的影響
FL-2.1.2	K1	回顧適用於所有軟體開發生命週期的良好測試實務
FL-2.1.3	K1	回顧測試優先導向開發方法的範例
FL-2.1.4	K2	總結 DevOps 可能對測試產生的影響
FL-2.1.5	K2	說明左移
FL-2.1.6	K2	說明如何使用回顧用於流程改善機制

2.1.1 SDLC 對測試的影響

軟體開發生命週期（Software Development Lifecycle, SDLC）模型定義軟體開發各階段的活動及其邏輯與時間關係。根據 CTFL Syllabus 的定義，SDLC 主要分為循序開發（Sequential Development）、迭代開發（Iterative Development）和增量開發（Incremental Development）三種模型。為了提升測試效率與開發效能，企業可以結合軟體開發方法與敏捷實務做法（Agile practices）作為 SDLC 的補充。例如，行為驅動開發和測試驅動開發透過預先撰寫測試案例實現早期測試，降低缺陷修復成本；而 Scrum 則融入迭代或增量模型中，透過短迭代與持續

交付來加速回饋循環，促進開發與測試的同步進行，以下是一些常見的方法和實務做法，供有興趣的讀者進一步參考：

- 極限編程（eXtreme Programming, XP）
- Scrum
- 看板（Kanban）
- 精實管理（Lean management, Lean IT）
- 驗收測試驅動開發（Acceptance Test-Driven Development, ATDD）
- 行為驅動開發（Behavior-Driven Development, BDD）
- 領域驅動設計（Domain-Driven Design, DDD）
- 功能驅動開發（Feature-Driven Development, FDD）
- 測試驅動開發（Test-Driven Development, TDD）

測試活動的設計需與專案採用的軟體開發生命週期模型相配合，不同模型對測試的範疇與時機、文件、技術、自動化及人員角色產生顯著影響。以下逐一說明：

- **測試活動的範疇與時機**：測試活動的範圍與時機在不同 SDLC 模型上有明顯差異。就範圍而言，循序式模型強調各測試層級需依序分階段執行；而迭代式模型則允許測試活動跨層級同時進行，例如在同一個迭代週期中就可以同時進行單元測試和整合測試。至於時機方面，循序式模型（例如瀑布模型）的測試活動主要集中在開發後期；相較之下，迭代式模型則要求測試活動必須隨著每次迭代的交付同步進行，以達到快速回饋和動態調整的目的。

- **文件詳細程度**：測試文件的詳細程度會因不同的 SDLC 模型而有所差異。在循序式模型中，要求準備詳細的測試計畫和文件（例如需求規格、測

試案例與測試報告等），以確保能夠逐步執行測試流程，並完整覆蓋系統功能與測試需求。相較之下，敏捷模型強調適量文件，傾向以活文件（Living Document）即時反映變更，強調團隊互動。

- **測試技術與測試方法的選擇**：測試技術的適用性會因 SDLC 模型的不同而有所差異。在循序式模型中，通常偏好使用傳統的測試技術，例如結構化測試和需求導向測試；而在敏捷模型中，則更傾向於採用探索性測試和經驗導向測試這類靈活的測試方法。

- **自動化程度**：不同的 SDLC 模型對自動化測試的需求程度也有所不同。在循序式模型中，由於測試活動主要集中在開發後期，因此較少需要自動化測試，而是更依賴於手動測試。相較之下，敏捷和迭代式模型則高度仰賴自動化測試工具（例如單元測試框架和回歸測試工具），以支援快速交付和頻繁的回歸測試需求。舉例來說，在每次迭代過程中，自動化測試可以幫助團隊快速檢查新增的功能是否影響到既有功能，從而確保系統的穩定性和效率。

- **測試人員的角色與責任**：不同的 SDLC 模型對測試人員的角色與責任要求也有所差異。在循序式模型中，測試人員主要參與需求審查和後期的測試設計工作，負責執行測試並分析結果，而且大多數測試活動都是在系統趨於穩定後才開始進行。相較之下，在迭代式模型中，測試人員從需求階段就開始參與專案，需要與開發團隊密切合作，積極推動團隊進行快速迭代。

循序式開發模型採用線性且按順序推進的方式，各個開發階段之間通常不會重疊。在此模式下，完成具備完整功能的軟體往往需要數月甚至數年的時間才能交付給使用者。由於程式碼開發工作集中在後期階段，因此「動態測試」也因此無法及早展開，導致缺陷往往要到開發後期才被發現，從而增加修復成本與專案風險。在循序式開發模型中，最具代表性的是瀑布式模型（Waterfall Model）和 V 模型（V Model），接下來將針對這兩種模型進行更深入的介紹與說明。

瀑布式模型初始概念是將軟體開發活動劃分為七個階段，並且要求嚴格依序進行。每個階段必須在完成並驗證後，才能進入下一個階段，而使用者通常僅參與開發前期的需求分析，如圖 2.1.1 所示。由於測試活動被安排在所有開發階段結束後才開始執行，因此一旦發現問題，往往必須回溯至前期階段修正，這不僅耗費大量時間與成本，也增加失敗風險。雖然在當時的時空背景下，這樣的流程設計具有一定的合理性，但從現代觀點來看，這種作法違反「早期測試節省時間與成本」的原則。此外，當開發進度延遲時，測試時程往往會被壓縮，進而提高測試壓力與缺陷遺漏的風險。因此，瀑布式模型主要適用於需求清晰且變更風險極低的專案情境。

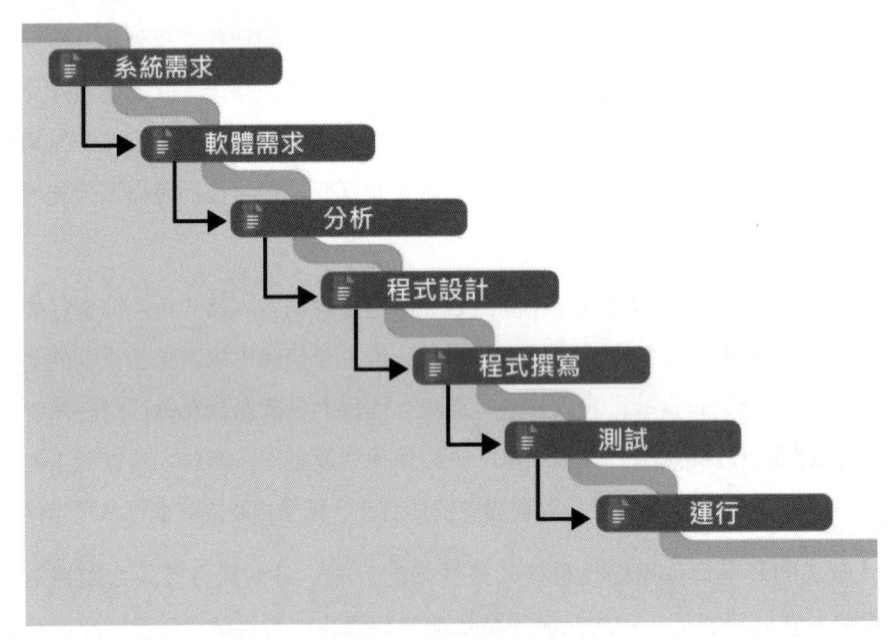

圖 2.1.1　瀑布式模型

V 模型強調軟體開發活動與測試活動的對應關係，改善瀑布模型延遲測試的缺點，其核心理念在於提升測試的重要性與可見性。如圖 2.1.2 所示，V 模型的左側主要包含需求收集、分析、高階設計和細部設計等開發活動，這些活動按照線性順序推進，每個活動的產出不僅成為下一階段的基礎，也成為相對應

測試活動的依據。例如，需求收集階段所產生的使用者需求規範，不僅作為後續系統分析的依據，同時也是日後驗收測試的基礎。

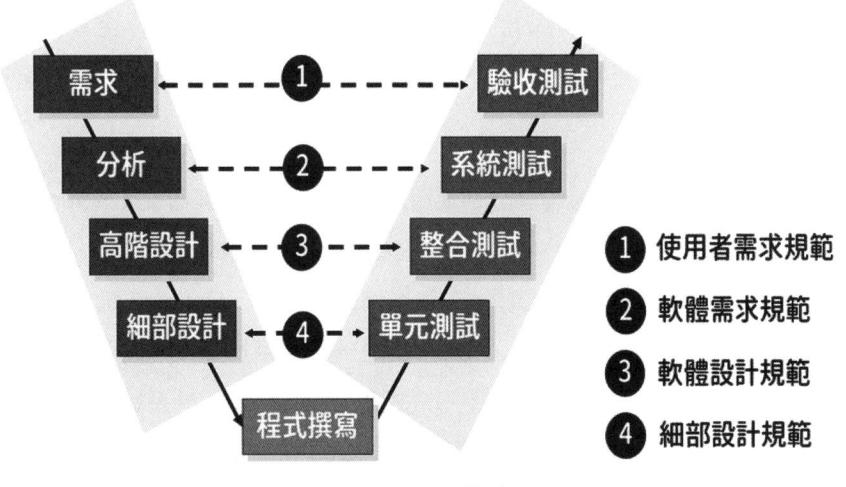

圖 2.1.2　V 模型

在左側開發活動中，驗證（Verification）扮演著重要角色，其主要目的是確認軟體是否按照既定的規範正確構建（但不涉及規範本身是否正確）。在這個過程中，靜態測試（如審查與靜態分析）提供關鍵的輔助作用。舉例來說，需求審查能幫助我們檢查需求文件是否完整涵蓋功能性與非功能性需求，同時確認文件內容是否沒有矛盾且具備可測試性，確保整個系統建立於清晰且穩固的基礎之上。

在右側測試活動中，確認（Validation）則負責確保所交付的產品能滿足使用者的真實需求並提供價值。透過動態測試提供的實際運行證據，我們可以確認交付系統是否能解決業務需求並達到使用者期待。例如，在功能性測試方面，動態測試可以檢查購物網站是否能正確將商品加入購物車與結帳等使用者操作；而在非功能性測試方面，動態測試則可以透過壓力測試來檢查系統是否能承受高負載，或是透過可用性測試來評估使用者介面的直觀性與易用性。

根據 Standish Group 的長期趨勢調查，軟體功能的使用頻率呈現明顯差異：20% 的功能經常使用，30% 的功能偶爾使用，而剩餘 50% 的功能則很少或從未被使用。這項結果指出，多數軟體功能未被充分利用，不僅可能造成資源浪費，亦增加系統複雜性。因此，現代軟體開發強調應聚焦於「至關重要的少數」功能，即那些真正為使用者創造價值的核心功能，以提升專案成功率與使用者滿意度。

迭代開發模型和增量開發模型分別運用迭代（Iterative）與增量（Incremental）的概念，兩者概念各具特色。增量開發著重於「局部完成」的理念，逐步交付各個部分來構建整體系統，類似藝術家逐塊完成畫作，Rational 統一軟體開發流程（Rational Unified Process, RUP）就是一個採用增量概念的著名模型；相較之下，迭代開發則強調「全局完善」，透過持續調整和改善系統的各個部分來達到整體最佳化，類似藝術家先繪草圖再多次調整完善，雛形（Prototyping）與螺旋模型（Spiral Model）都是運用迭代概念的知名模型。

在迭代開發模型和增量開發模型中，通常假設每次迭代都需要交付一個可運作的雛型或產品增量，因此測試活動必須與開發活動同步進行。測試可在迭代初期進行需求審查（靜態測試）以檢查需求是否存在矛盾或遺漏，並在迭代末期進行壓力測試（動態測試）以便評估系統的負載能力。由於這類開發模型要求頻繁交付與快速回饋，自動化測試工具被廣泛採用於回歸測試中，以確保新增功能運作正常的同時，也能維持系統的整體穩定性。

敏捷宣言（Agile Manifesto）自 2001 年提出以來，其四項核心價值觀——「個人與互動重於流程與工具」、「可運作的軟體重於詳盡的文件」、「客戶合作重於合約協商」以及「回應變化重於遵循計劃」已成為敏捷軟體開發的基石。這些理念不僅構成敏捷開發的核心思想，也催生約 40 種實務做法與框架，例如極限編程（Extreme Programming, XP）、Scrum、規模化敏捷框架（Scaled Agile Framework, SAFe）、大型 Scrum（Large-Scale Scrum, LeSS），這些方法皆致力於持續交付高價值軟體。

敏捷軟體開發假設專案進行過程中會有頻繁變更，因此通常採用以下測試策略來因應：首先，文件採用輕量化方式以便即時反映最新狀態，因此只記錄關鍵需求或核心測試案例，避免詳細文件所帶來的高維護成本。其次，因為手動測試的速度難以跟上頻繁變更，所以會廣泛應用自動化測試工具（例如單元測試框架和回歸測試工具），以便快速驗證新功能是否影響到現有功能。最後，由於敏捷專案通常面臨測試分析與設計時間不足的情況，測試人員需要仰賴自身的經驗和直覺來進行探索性測試，藉此快速發現缺陷並配合敏捷開發節奏。

2.1.2 軟體開發流程與測試良好實務

測試良好實務是業界廣泛認可且經過驗證的有效做法，適用於各種軟體開發生命週期，無論是循序式或迭代式軟體開發生命周期模型中都能適用，以下介紹四項關鍵的測試良好實務：

- 每個軟體開發活動（例如需求分析、設計或程式碼撰寫等）都應具備相對應的測試活動，以確保所有開發工作成果（例如程式碼與文件等）都能受到品質控制且符合品質要求。舉例來說，需求分析活動需進行需求審查，以確認需求文件的完整性並避免歧義；而程式開發活動則需要執行單元測試活動，以驗證程式碼邏輯的正確性。透過在每個階段執行適當的檢查，我們可以有效防止品質不佳的成果進入下一個階段，從而確保整體開發過程的品質。

- 不同的測試層級各有其特定的測試目標，這樣的設計既能確保測試的全面性，又能避免重複工作和資源浪費。例如，在單元測試階段，開發人員主要檢查個別模組的邏輯正確性，例如輸入數值是否能回傳正確計算結果；而在系統測試階段，測試團隊則著重於檢查整體系統是否能正確處理從用戶端到伺服器的完整操作流程。透過層級分工，不只能提升測試效率，還能更有效地運用資源來確保軟體品質。

- 測試分析與設計應該要與軟體開發生命周期中的相對應開發階段同步進行，以便遵循早期測試原則。當測試活動能與開發活動同步執行時，我們就能及早發現需求或設計階段的問題；例如在需求分析階段就進行測試分析，有助於找出需求中不完整或矛盾的部分，從而避免這些缺陷延伸到後續階段。此外，由於缺陷修復的成本會隨著軟體開發生命周期階段的進展而呈指數增長，因此這種同步進行的方式也能有效節省修復成本。

- 測試人員應該在工作產品（例如需求或設計文件）的草稿階段就參與審查，透過提早測試和檢測來發現缺陷，就能有效降低後期修改的成本，這一做法支援測試左移（Shift Left）理念。例如，在需求階段確認需求的清晰性與一致性，可以避免後續功能開發時出現分歧；而在設計階段檢查設計是否符合需求並評估其可測試性，則能確保後續的整合測試能夠順利進行。

2.1.3 測試優先導向開發方法

測試優先（Test-First）是敏捷軟體開發的核心實務之一，源自於極限編程（Extreme Programming, XP），其核心理念是在撰寫程式碼前先建立測試案例，以確保程式碼品質並與需求保持一致。測試驅動開發、行為驅動開發和驗收測試驅動開發均體現測試優先的精神，以測試作為驅動開發的手段。這些方法不僅實現早期測試原則，同時還符合「左移」概念，並有效支援迭代開發模型。以下比較這三種方法的主要特點與差異（見表 2.1.1）：

- **測試驅動開發**：著重透過單元測試來指導程式碼撰寫。開發人員會先使用測試框架（例如 pytest）撰寫測試案例，隨後撰寫能通過測試要求的程式碼，並在必要時進行重構以維持程式碼品質。

- **行為驅動開發**：採用自然語言（通常使用 Gherkin 語法的 Given/When/Then 格式）來描述系統預期行為，並透過 Cucumber 或 SpecFlow 等工

具將測試案例轉換為可執行的自動化測試,有助於促進開發人員、測試人員和非技術人員間的溝通與協作,確保系統行為符合客戶期望。

- **驗收測試驅動開發**:聚焦於確保功能開發能符合使用者需求,由開發人員、測試人員與客戶代表的協作共同定義驗收標準,並在設計階段就建立測試案例作為開發與驗證的依據。常用工具如 FitNesse 與 Robot Framework 支援驗收測試自動化。

表 2.1.1　三種測試優先的做法

項目	TDD	BDD	ATDD
目標	確保程式碼高品質	確保系統行為符合預期	確保系統滿足業務需求和驗收標準
參與者	開發人員	開發人員、測試人員與客戶代表	開發人員、測試人員與客戶代表
測試層級	單元測試	系統測試（可能包括整合測試）	驗收測試
測試案例格式	程式語言	自然語言（例如 Gherkin）	自然語言
工具	JUnit、pytest、NUnit	Cucumber、SpecFlow、Behave	FitNesse、Robot Framework

2.1.4　DevOps 與測試

　　DevOps 是一種促進開發、測試和運維團隊協作的組織方法,旨在打破部門壁壘,實現快速交付高品質軟體（參照示意圖 2.1.3）。成功實施 DevOps 的關鍵在於組織文化轉型,包括推動開發和運維團隊相互尊重,並以同等價值對待彼此的職能。DevOps 鼓勵團隊自主決策以減少層級干擾,透過快速回饋及早發現並修復問題,同時重視工具整合與技術實務（例如持續整合和持續交

付等）。透過這些實務作法，團隊能更有效地運用 DevOps 交付管線（Delivery Pipeline），實現更快速的軟體構建、測試和交付。

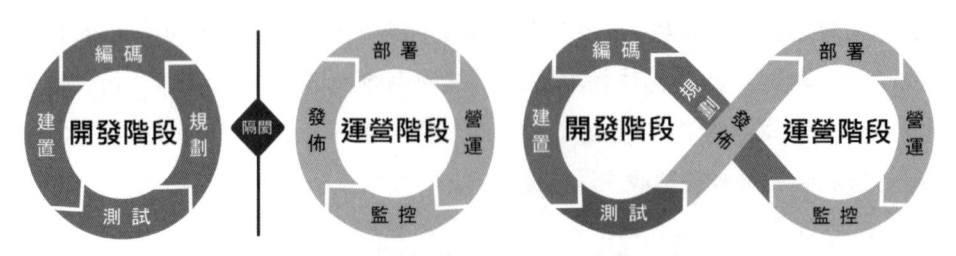

圖 2.1.3　DevOps

DevOps 在測試方面的優勢如下：

- **快速回饋**：利用自動化測試工具（例如單元測試與回歸測試），即時檢測程式碼品質問題或變更引發的回歸缺陷，快速提供回饋以加速問題修復。

- **促進左移測試**：透過單元測試與靜態分析，將測試活動提前至開發階段，及早發現缺陷，降低後期修復的成本與風險。

- **穩定的測試環境**：借助 CI/CD 自動化流程建構一致且穩定的測試環境，有助於減少因環境差異所導致的測試問題。

- **非功能性品質的可見性**：專注於性能、可靠性等非功能性特徵，提升透明度與可觀測性。例如，利用 JMeter 測試系統在高負載下的表現或驗證其穩定性。

- **減少重複的手動測試**：自動化測試顯著減少手動測試的重複性，讓測試人員專注於探索性測試等高價值任務，最佳化資源分配。

- **降低回歸風險**：頻繁執行的自動化回歸測試提供廣泛覆蓋，有效降低程式碼變更引起的回歸缺陷風險。

雖然 DevOps 透過高度自動化和協作來提升軟體交付的速度與品質，但在實施過程中仍面臨以下主要挑戰和風險：

- **定義與建立交付管道**：DevOps 的成功高度依賴於清晰且高效的交付管道，這需要詳細規劃從程式碼提交到生產部署的每個步驟，不僅需要投入大量規劃與資源，若交付管道設計不完善，還可能導致流程中斷或效率低下。

- **導入與維護 CI/CD 工具**：持續整合和持續交付／部署工具雖然是 DevOps 的核心，但其選擇、設定、整合和維護都具有相當的挑戰性。特別是對缺乏相關經驗的團隊而言，工具的學習與實施需要時間，可能會導致額外的時間和成本支出。

- **測試自動化需要額外資源，且建立與維護具挑戰性**：建立全面的測試自動化框架不僅需要專業技能（例如具備程式開發能力的測試自動化工程師），還需要持續的資源投入。對於變化頻繁的專案來說，維護自動化測試腳本的成本可能會隨系統變更而增加。例如，當軟體的使用者界面或 API 發生變更時，自動化測試腳本可能需要大幅重寫。

DevOps 雖然高度依賴自動化測試來實現快速回饋，但某些測試場景仍需要仰賴手動測試，特別是在處理複雜的使用者界面互動或特定業務流程時。以購物 App 為例，評估操作流程是否直觀好用或測試在不同品牌和型號手機上的顯示與操作問題，這些都是較難透過自動化測試完整覆蓋的領域。

2.1.5 左移

左移（Shift Left）策略強調將測試活動提前到軟體開發生命週期的早期階段，不再侷限於等待程式碼完成或元件整合後才開始測試。這是實踐早期測試原則（The Principle of Early Testing）的具體策略之一，其核心目標是儘早發現並解決缺陷，以降低修復成本。值得注意的是，左移並非忽視開發週期後期

的測試工作，而是在維持既有測試的同時，加強早期階段的缺陷檢測與處理，相關的實務作法詳見表 2.1.2。

表 2.1.2　左移的實務作法

實務作法	說明
審查規範	提前發現需求和設計文件的模糊、不完整或不一致問題
提前設計測試案例	在程式碼撰寫前完成測試案例設計並執行
持續整合與持續交付	自動化測試隨程式碼提交即執行，快速發現問題
靜態分析	在動態測試前分析程式碼結構，檢查潛在問題
提早進行非功能性測試	將性能、安全性測試提前到元件階段，及早檢測問題

測試左移的成功關鍵在於取得利害關係人的信任與支持。儘管在開發初期投入較多資源（例如提前設計測試案例和進行規範審查）會增加前期的工作量和成本，但這種投資能大幅降低後期的缺陷修復成本。研究顯示，缺陷修復成本會隨著軟體開發生命週期的進展而呈指數增長，因此及早投入測試活動不僅能避免後期高額的修復支出，更能為專案帶來更顯著的長期效益。

2.1.6　回顧檢討與流程改善

回顧檢討是定期反思與改進的活動，旨在持續改善流程並提升團隊效率。其舉行頻率因專案性質與開發模式而異，例如，敏捷開發中回顧檢討頻繁進行，強調快速回饋和持續改善；而在瀑布式開發中，則通常在專案或階段結束時進行，總結整體經驗並提出改善建議。

回顧檢討的舉行時間主要包括以下三種情境：一是在專案或迭代結束時，例如敏捷開發中於每個迭代結束後進行的「Sprint 回顧」；二是在達到重要里程碑時，例如瀑布式開發於每個階段結束或重大版本交付前進行的回顧；三是根據需求隨時啟動，例如在出現重大問題（例如突發品質問題或運行異常）時，立即進行檢討以快速應對。

回顧檢討會議的參與者應包括測試人員、開發人員、架構師、產品負責人和商業分析師等多樣化角色，這些不同視角的回饋有助於全面分析問題、改善流程，並提升專案的整體品質與效率。回顧檢討的主要目標包括三個方面：討論哪些成功做法應被保留、分析哪些不理想的地方需要改善，以及如何在未來落實改善並延續有效的成功經驗。與測試有關的回顧檢討議題可參考表 2.1.3 之網路銀行 App 的例子。

表 2.1.3　與測試有關的回顧檢討議題

議題	範例
測試效率	• 未能及時發現轉帳功能中金額計算的精確度問題 • 未及時檢測出信用卡還款流程中的手續費計算錯誤
測試生產力	• 自動化測試腳本無法完整涵蓋多幣種匯率轉換功能 • 測試登入功能時，耗費過多時間在多設備情境模擬
團隊滿意度	• 測試人員反映交易記錄測試的工作分配重疊，影響工作效率 • 測試團隊與開發團隊在風險優先順序的認知上存在差異
測試案例品質	• 註冊功能測試未包含多語系支援的驗證情境 • 交易明細測試未考慮特殊字元或空白輸入的處理情況
應用程式可測試性	• 餘額查詢功能缺乏完整的日誌記錄，增加問題追蹤難度 • 交易歷史模組未提供失敗交易的詳細錯誤代號記錄

此外，回顧檢討結果通常記錄在測試總結報告，作為測試活動證據及後續分析與改善的重要依據，並需要確保建議改善措施被跟進並落實。表 2.1.4 總結回顧檢討對測試的價值。

表 2.1.4　回顧檢討對測試的價值

優點	範例
提高測試效果與效率	發現環境初始化程序過於繁瑣，改善後縮短 20% 測試執行準備時間。
提高測試相關產物的品質	發現部分測試案例描述模糊導致執行誤解，透過團隊共同檢視後改善測試案例設計。
促進團隊凝聚力與學習	團隊成員分享複雜系統錯誤的追蹤經驗，其它成員應用後提高測試效率。
提高測試依據的品質	發現需求文件模糊，與商業分析師協作後完善文件，使測試案例設計更精準。
促進開發與測試間的合作	確認變更通知不足，制定同步會議機制以便改善開發與測試溝通效率。

2.2 測試層級與測試類型

本章將重點介紹測試層級和測試類型。透過學習測試層級，讀者可以瞭解各個層級的測試目標、測試依據、執行方式以及相關人員的職責。同時，本章也會探討四種測試類型，並說明它們在不同測試層級中的應用場景。此外，讀者將學習確認性測試和回歸測試的核心概念，瞭解這兩種測試在系統變更過程中的重要性，以及如何運用雙向追溯關係來改善影響分析的效果。

學習目標	難度	內容
FL-2.2.1	K2	區分不同的測試層級
FL-2.2.2	K2	區分不同的測試類型
FL-2.2.3	K2	區分確認性測試和回歸測試

2.2.1 測試層級

測試層級（Test Levels）是因應軟體開發階段而設計的一系列測試活動，從單一模組的驗證逐步擴展至整體系統的測試。在循序式軟體開發生命週期模型中，每個測試層級具有明確的執行順序，前一層級的允出標準通常作為下一層級的允入標準。舉例來說，單元測試的允出標準可能要求所有核心模組的測試皆已通過，這同時也是元件整合測試的允入條件，確保所有相關元件都已完成單元測試並準備好進行整合。

相較之下，在迭代式軟體開發生命週期模型中，測試層級間的界限較為模糊。由於軟體是透過迭代和增量的方式開發，不同層級的測試活動（例如單元測試、單元整合測試、系統測試）可能會同時進行或相互重疊。例如，在同一個迭代週期中，某些模組可能正在進行單元測試，而其他模組已進展到系統測試階段。這種彈性雖然有助於快速發現問題，但也對測試的協調與管理提出更高要求，以確保測試的完整性和效率。

測試層級與測試類型（Test Types）是兩個不同概念。測試層級是依據軟體開發階段所進行的測試活動（例如單元測試與元件整合測試等），而測試類型則是根據特定目標（例如效能與安全性等）所執行的測試活動。值得注意的是，測試類型適用於所有測試層級，這代表在每個層級都能執行各種類型的測試。舉例來說，在單元測試層級中，除了基本的功能性測試外，還可以進行非功能性測試，例如評估模組的可維護性或安全性等。

CTFL Syllabus 將測試層級分為五個主要層級：元件／單元測試（Component / Unit testing）、元件／單元整合測試（Component / Unit Integration testing）、系統測試（System Testing）、系統整合測試（System Integration Testing）及驗收測試（Acceptance Testing）。與傳統分類有所不同，此分類方式的特點是將整合測試再細分為「單元整合測試」與「系統整合測試」兩個層級。圖 2.2.1 展示五個典型測試層級間的關係，但在實際應用中，這些測試層級可以根據專案

類型和組織需求做彈性調整。舉例來說，當系統需要與多個外部服務（例如支付和物流服務）進行整合時，通常需要執行全部五個測試層級，以確保功能和整合的完整性；但對於規模較小的內部專案，可能只需要進行單元測試和系統測試就足以滿足需求。

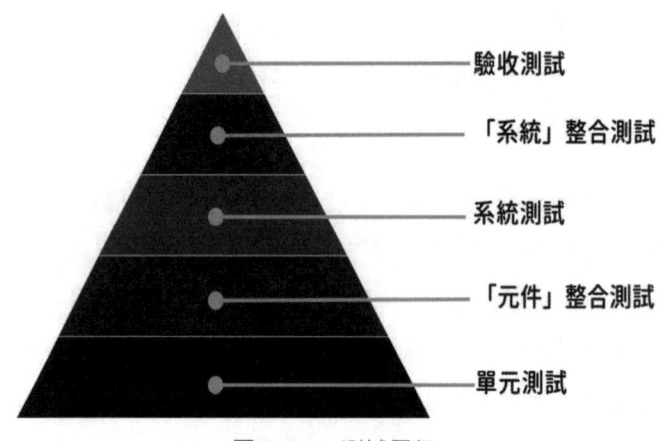

圖 2.2.1　測試層級

CTFL Syllabus 採用五個屬性（測試目標、受測物、測試依據、缺陷與失效、測試進行方式與職責）來區分不同的測試層級，但在當前版本（CTFL 4.0.1）中並未提供具體的範例說明（這些範例曾出現在舊版 CTFL 3.1 中）。為了幫助讀者更清楚地理解這些概念，本文將以表格形式詳細說明其中三個關鍵屬性：受測物、測試依據，以及缺陷與失效的具體內容。

單元測試的主要目的是確保受測物能夠獨立運作且符合預期功能，這項工作通常由開發人員在其開發環境中執行。在測試過程中發現的缺陷可以立即修正，無需提交至缺陷管理系統，但這種做法可能導致缺乏根本原因分析和流程改善的機會。單元測試通常需要運用兩類工具：一是單元測試框架（Unit Test Frameworks），例如 JUnit 和 PyTest，用於撰寫和執行測試案例；二是測試工具套件（Test Harnesses），例如 Postman Mock Server 和 WireMock，用於模擬外部依賴並生成測試所需的模擬資料。這兩類工具的協同運作能有效提升單

元測試的準確性和效率。值得注意的是，測試案例也可以在程式碼撰寫前就開始建立，這種做法有助於及早發現需求問題，並降低測試案例延遲或省略撰寫的風險，測試驅動開發（Test-Driven Development, TDD）就是一個典型的例子。單元測試的測試依據、受測物與常見缺陷與失效如表 2.2.1 所示。

表 2.2.1　單元測試：測試依據、受測物與常見缺陷與失效

屬性	例子
測試依據	<ul><li>程式碼</li><li>資料模型（資料結構、資料流和資料儲存的邏輯設計）</li><li>詳細設計（描述元件內部邏輯和行為細節）</li><li>元件規格（功能需求、行為、輸入／輸出規則）</li></ul>
受測物	<ul><li>模組、單元或元件</li><li>程式碼與資料結構（陣列與樹等）</li><li>類別或方法（類別中實現特定功能的函數）</li><li>資料庫元件（與資料庫互動的程式碼或模組）</li></ul>
缺陷／失效	<ul><li>功能性錯誤（例如使用正確帳號與密碼無法登入系統）</li><li>資料流問題（例如手機與桌面版訊息未同步）</li><li>程式碼與邏輯錯誤（例如群組管理函數過於龐大且複雜）</li></ul>

元件整合測試（Component Integration Testing）與系統整合測試（System Integration Testing, SIT）都專注於發掘整合過程中的缺陷，因此這個段落將一併說明這兩種測試方法。其中，元件整合測試通常在完成單元測試後由開發人員執行；而系統整合測試則在系統測試後由專職測試人員負責。這兩種整合測試的測試依據、受測物以及常見的缺陷與失效類型，詳見表 2.2.2。

整合範圍越大，缺陷診斷難度就越高。因此，元件整合策略可分為以下三種方式：

- **大爆炸（Big-Bang）整合**：將所有元件一次性整合後進行測試，屬於非遞增式整合方法。雖然實施簡單，但由於多個元件同時互動，可能導致錯

誤來源複雜化，增加問題診斷的時間。

- 由下向上（**Bottom-Up**）整合：從底層元件開始，逐步向上進行整合和測試。這種方式特別適合測試較為穩定且與其他模組互動較少的情境，但需要使用 Driver 來模擬尚未開發完成的高層元件。

- 由上向下（**Top-Down**）整合：從高層元件開始，逐步向下進行整合和測試。這種方式適合測試使用者介面和重要業務邏輯，但需要使用 Stub 來模擬尚未完成的底層元件。

表 2.2.2　元件整合／系統整合測試：測試依據、受測物與常見缺陷與失效

屬性	例子
測試依據	<ul><li>循序圖：元件間的互動順序</li><li>數據傳輸與通訊</li><li>使用案例：使用者或系統間的互動情境場景</li><li>內外介面：與內外部系統互動規範</li></ul>
受測物	<ul><li>API</li><li>系統間介面（系統對系統與系統對資料庫等）</li><li>通訊協定（例如 HTTP 與 TCP/IP 等）</li></ul>
缺陷／失效	元件整合測試<ul><li>資料錯誤或遺漏（例如聊天記錄同步時，附件遺失）</li><li>介面調用順序或同步錯誤（例如手機與桌面版聊天訊息同步順序錯誤）</li><li>介面不相容（例如支付金額參數格式不符）</li><li>元件間的通信錯誤（例如貼圖下載失敗但客戶端未收到錯誤通知）</li></ul>系統整合測試<ul><li>訊息結構不一致（例如缺少 timestamp 欄位，聊天室消息排序錯誤）</li><li>資料編碼錯誤（例如未正確處理 UTF-8 編碼，部分字元遺失）</li><li>系統間通訊錯誤（例如聊天記錄同步資料封包遺失，內容不完整）</li><li>安全規範未遵守（例如支付介面無雙因素驗證，存在風險）</li></ul>

系統測試（System Testing）主要目標是評估整體系統是否能正常運作並達到預期目標，包含檢查所有功能性和非功能性需求是否符合規範。在進行系統測試時，我們需要評估系統性能、可用性和安全性等非功能性品質特徵，並且最好在具代表性的測試環境中進行。例如，測試聊天應用 App 時，要確認使用者界面能在各種裝置和不同螢幕尺寸上正常顯示；如果測試過程中遭遇到外部服務或子系統無法使用的情況，可以使用模擬工具來代替，避免因外部因素影響測試進度。

系統測試通常由獨立測試團隊執行，而非由開發團隊負責，這是因為開發團隊可能因為太熟悉系統而產生偏見或忽略某些潛在問題，而獨立測試團隊能以客觀角度進行全面測試，不會受到開發過程中的既定假設影響。舉例來說，在測試銀行系統時，開發團隊可能主要關注交易資料是否正確儲存，而測試團隊則會著重在模擬真實場景，例如系統在高負載情況下是否仍能順暢運作或使用者界面是否容易操作等，測試依據、受測物及常見的缺陷與失效請參考表 2.2.3。

表 2.2.3　系統測試：測試依據、受測物與常見缺陷與失效

屬性	例子
測試依據	<ul><li>軟體需求規範、使用者故事與史詩（Epic）</li><li>風險分析報告：標記且協助測試人員優先處理高風險區域</li><li>狀態圖：驗證系統在不同狀態下的功能是否正確</li><li>系統操作說明與使用者手冊</li></ul>
受測物	<ul><li>受測系統（整體系統）</li><li>系統組態與組態資料：系統在不同組態（例如硬體、軟體版本或使用者設定）下的正確性與穩定性</li></ul>
缺陷 / 失效	<ul><li>計算錯誤（例如未正確計算優惠折扣，導致多支付金額）</li><li>功能或非功能行為不正確（例如高流量時，訊息傳遞延遲超過 10 秒）</li><li>控制流或資料流不正確（例如好友推薦功能錯誤推薦對象）</li><li>操作與線上使用說明不一致（例如手冊顯示可自訂通知音，但實際功能被移除）</li></ul>

驗收測試（Acceptance Testing）的主要目標是從使用者角度確認整體系統是否滿足需求，理想上應由預期使用者執行。驗收測試主要包含四種形式：使用者驗收測試（User Acceptance Testing, UAT）用於驗證系統是否符合業務需求；運行驗收測試（Operational Acceptance Testing, OAT）則檢查系統是否具備穩定運行的條件與支援機制；合約驗收與法規驗收測試（Contract Acceptance and Regulation Acceptance Testing）確保系統滿足合約條款和法規要求；而 Alpha 與 Beta 測試（alpha testing and beta testing）則分別在內部和使用者環境中進行，藉以收集回饋並提升系統品質。關於驗收測試的測試依據、受測物及常見的缺陷與失效，詳細內容請參考表 2.2.4。

表 2.2.4　驗收測試：測試依據、受測物與常見缺陷與失效

屬性	例子
測試依據	<ul><li>使用者需求、使用案例</li><li>業務需求、業務流程</li><li>法規、合約與產業標準</li><li>安裝程序與使用者手冊</li><li>風險分析報告</li></ul>
受測物	<ul><li>受測系統（System under test）</li><li>系統組態與組態數據</li><li>業務流程</li><li>操作與維護相關流程</li><li>備援機制</li><li>表單與文件</li></ul>
缺陷/失效	<ul><li>系統流程不符業務或使用者需求（例如訊息通知延遲，無法即時推送）</li><li>業務規則執行不正確（例如折扣未正確應用，導致使用者無法享受優惠）</li><li>系統未符合合約或法律要求（例如聊天訊息未加密傳輸，不符 GDPR 隱私要求）</li><li>非功能性失效（例如附件上傳過慢，性能不足）</li></ul>

使用者驗收測試的目的是驗證系統是否滿足業務需求和使用者期望，並建立對系統的信心。UAT 主要由最終使用者執行，且在簽署（sign-off）前可進行多次測試。UAT 強調符合多元觀點，為實現多元觀點，使用者驗收測試強調從多元觀點驗證系統是否符合實際使用需求。為實現此目標，UAT 必須整合來自不同背景的團隊成員（例如客戶代表、技術人員與運維人員），以利從多角度共同定義驗收標準。透過此方式，UAT 能夠全面驗證系統的功能性、效能與使用者體驗，進而確保整體品質，並提升使用者滿意度與信任。

運行驗收測試的目的是確保系統在生產環境中具備穩定運行所需的條件和應對機制。

- **條件**：穩定運行的必要前提，包括硬體資源、軟體設定及性能要求，確保系統能在實際運行中達到穩定性與效率。

- **支援機制**：針對運行與故障處理的應對措施，例如備份與還原、災難恢復、使用者管理、安裝與移除、升級以及安全漏洞防護等，保障系統在面臨運行挑戰時仍能穩定運作。

合約驗收與法規驗收測試包括兩個部分：合約驗收測試（Contractual Acceptance Testing）旨在確保交付的軟體符合合約中約定的驗收標準。例如，若合約規定報表視覺化功能必須在 5 秒內完成，測試團隊將根據此標準檢驗該功能的性能是否達標，以確保滿足合約需求；法規驗收測試（Regulatory Acceptance Testing）的目的是確保交付的軟體滿足合規性（產業標準）和合法性（法律與政府法規）的要求。法規範疇涵蓋以下三個層面：

- **產業標準**：通常為非強制性，例如 CMMI 和 PCI DSS 等標準，企業為提升市場競爭力或符合行業最佳實務而採用。

- **法律**：具有強制性，例如一般資料保護規範（GDPR）和稅法等，違反可能導致法律責任或罰款。

- **政府法規**：同樣具有強制性，例如個人資料保護法和 NHTSA（美國國家公路交通安全管理局規範），這些法規旨在保護使用者權益和公共安全。

Alpha 與 Beta 測試分別在內部和使用者環境中進行，藉以收集回饋並提升系統品質。

- **Alpha 測試**：在開發商場域進行，測試環境應儘可能模擬真實運行環境。由於系統仍處於開發商內部環境，測試由內部獨立測試人員（非開發團隊）執行，目的是在發佈給外部客戶前檢查系統的運行狀況。測試過程中透過測試報告和內部回饋系統記錄缺陷與提出改善建議。例子：遊戲公司內部進行測試新遊戲的畫面流暢度、關卡設計和功能邏輯，並記錄需要改善的問題，例如視覺效果的優化或遊戲性能提升。

- **Beta 測試**：在客戶端場域進行，測試環境為實際運行環境，由目標市場的使用者群體在其自身環境中進行測試。使用者透過問卷、報告或社群討論提交回饋，以提供實際使用建議，幫助開發商在正式上線前進一步最佳化系統。例如，遊戲公司發佈測試版遊戲給特定玩家群體進行封測，玩家在不同設備上試玩遊戲並回報問題，例如遊戲載入速度慢或某些裝置上的功能無法正常使用。開發商根據玩家回饋進行修改，確保正式版本穩定運行並符合市場需求。

大多數情況下，Beta 測試會在 Alpha 測試之後進行，以確保系統經過內部測試達到基本穩定性。然而，在某些特殊情境下，可以直接進行 Beta 測試或讓 Beta 測試先於 Alpha 測試，例如小型專案或快速迭代的產品開發。這種策略有助於快速獲取使用者回饋，但需承擔更高風險。

2.2.2 測試類型

專案的測試活動涵蓋多個目標，除基本功能正確性之驗證外，尚須就系統之資訊安全、效能等品質特性進行全面評估。為因應不同品質需求，必須採用多種測

試類型（Test Types），以確保系統品質之全方位掌握。CTFL Syllabus 主要討論以下四種測試類型（例如圖 2.2.2 所示），這些類型均可應用於所有測試層級。

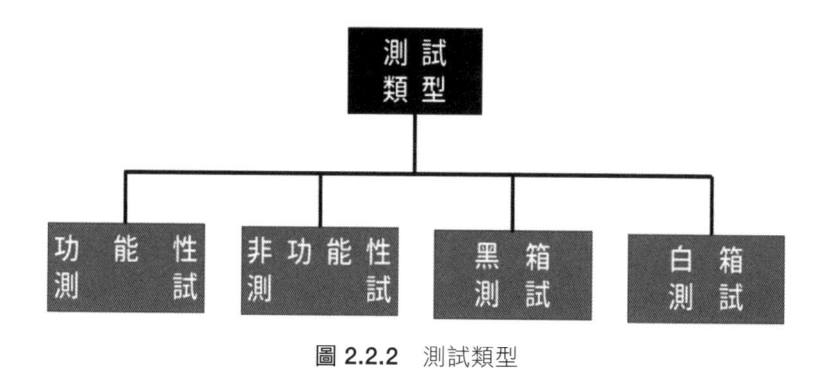

```
                    ┌──────────┐
                    │ 測 試    │
                    │ 類 型    │
                    └────┬─────┘
         ┌───────────┬───┴────┬───────────┐
    ┌────┴───┐  ┌────┴───┐ ┌──┴─────┐ ┌───┴────┐
    │功 能 性│  │非功能性│ │黑 箱   │ │白 箱   │
    │測   試 │  │測   試 │ │測   試 │ │測   試 │
    └────────┘  └────────┘ └────────┘ └────────┘
```

圖 2.2.2 測試類型

功能性測試（Functional Testing）的主要目的是評估受測物（元件或系統）是否正確執行其預定功能。這類測試著重於驗證軟體是否依照預期運作（例如計算結果的正確性），而非關注計算過程所需的時間或內部實作細節。功能性測試以功能性需求為基礎以便為測試提供明確的方向與驗證基準。因此，測試通常以使用案例、需求規範或使用者故事作為測試依據，以確保涵蓋所有關鍵功能並符合業務需求。

執行功能性測試時，領域知識扮演重要角色，特別是在測試特定產業或專業應用系統時。若測試人員缺乏相關領域知識，可能無法完整理解需求，進而影響測試案例對關鍵情境與邊界條件的覆蓋。例如，測試遊戲功能時，需要深入理解玩家行為與遊戲機制，年輕族群通常較具備這方面的知識，能更準確模擬目標使用者行為；而測試股票交易系統則需要熟悉金融業務流程與風險控制，具備相關經驗的成年人往往能設計出更完善的測試案例。

根據 ISO/IEC 25010 標準，功能性測試主要檢驗三個面向：

- **功能正確性（Correctness）**：驗證系統是否正確執行特定功能

- 功能適用性（**Appropriateness**）：評估系統功能是否滿足使用者需求

- 功能完整性（**Completeness**）：確認系統是否提供所有必要功能

非功能性測試與功能性測試的關注點不同，非功能性測試主要評估系統在執行功能時的各項特性表現，例如性能、可靠性、可用性和安全性等。其目標是確保系統在實際運行環境中能夠穩定且高效運作，同時滿足使用者的期望與需求。非功能性測試可視為功能性測試的延伸，額外檢查系統是否滿足非功能性的限制或要求。舉例來說，功能性測試著重於驗證訊息是否成功發送，而非功能性測試則會進一步檢驗訊息是否能在 1 秒內送達（性能）、是否支援多平台運作（相容性），以及在高負載情況下的穩定性（可靠性）。

ISO/IEC 25010:2023 相較於 2011 年的舊版本，在品質特徵的名稱和範疇上有所調整。新版本定義九個品質特徵，其中功能適用性（Functional Suitability）是功能性測試的核心重點，而其餘八個品質特徵則屬於非功能性測試的驗證範疇。以下為主要的差異與重點（如圖 2.2.3 所示）：

品質特徵	25010：2011	品質特徵	25010：2023
可靠性	Reliability		
可用性	Usability	互動能力	Interaction capability
效能效率	Performance efficiency		
可維護性	Maintainability		
可攜性	Portability	靈活性	Flexibility
資訊安全	Security		
相容性	Compatibility		
		安全性	Safety

圖 2.2.3　ISO/IEC 25010 的新舊版本差異

ISO/IEC 25010:2023 在品質特徵命名上作出重要調整：將可攜性（Portability）更名為靈活性（Flexibility），以突顯系統在不同環境與條件下的適應能力；同時將可用性（Usability）更名為互動能力（Interaction Capability），強調系統與使用者間的互動體驗，而非僅限於使用者介面的易用性。

標準中新增的安全性（Safety）品質特徵，主要著重於防止系統運行對人員與環境造成潛在危害。以自駕車系統為例，安全性測試需驗證其自駕功能是否能有效避免交通事故與人身傷害，特別關注容錯機制與緊急情況的應變能力等。相對地，原有的資訊安全（Security）品質特徵則專注於防範外部威脅，確保系統與資料的機密性、完整性及可用性，例如驗證車載系統是否能有效抵禦駭客攻擊並保護導航和通訊數據等，其測試重點包括身份驗證、資料加密及存取控制等機制。

非功能性缺陷的發現時間越晚，對專案成功的威脅就越大，因此非功能性測試應儘早在軟體開發生命週期中進行。具體作法包括：在需求或設計階段進行審查，確認非功能性需求（例如性能指標或安全要求）是否明確且已適當納入設計中；在元件測試階段，驗證個別元件是否符合非功能性要求（例如功能回應時間是否達到預期性能）。此外，某些非功能性測試可能需要特殊的測試環境，例如使用可用性實驗室來評估使用者操作系統介面的效率與體驗。

黑箱測試（Black-Box Testing）是基於規格（specification-based）的測試方法，關注受測物的「外部文件」並從中衍生測試案例，因此無需事先瞭解受測物的內部運作原理，亦與其內部結構無關。測試人員在執行測試時，通常不需具備程式設計技能。黑箱測試的主要目標在於檢查系統行為是否符合其功能規格或需求定義。根據 ISO/IEC 29119，黑箱測試技術共有 12 種，本書重點介紹其中四種：等價劃分法（Equivalence Partitioning）、邊界值分析法（Boundary Value Analysis）、決策表測試（Decision Table Testing）及狀態轉換測試（State Transition Testing）。關於這些黑箱測試技術的詳細內容，請參閱本書第四章，以獲取更深入說明及應用範例。

白箱測試（White-Box Testing）是一種基於結構（structure-based）的測試方法，專注於受測物的內部結構並據此設計測試案例。其主要目標是透過測試覆蓋系統的特定結構（例如敘述、分支或路徑等），以達到預先定義的結構覆蓋率要求（例如敘述覆蓋率達 100％）。由於白箱測試較易於自動化，特別是

在單元測試和程式碼覆蓋測試方面，因此常搭配自動化工具使用。舉例而言，PyTest（適用於 Python）與 JUnit（適用於 Java）能快速驗證函數或模組的邏輯正確性；而 JaCoCo 則能追蹤程式碼的執行覆蓋範圍並產出報告，有助於確保測試的完整性與效率。根據 ISO/IEC 29119 標準，白箱測試技術共有 7 種，本書重點介紹其中二種：敘述測試（Statement Testing）及分支測試（Branch Testing），關於這些白箱測試技術的詳細內容及應用範例，請參閱本書第四章。

2.2.3 確認性測試和回歸測試

在進行系統功能修改或缺陷修復時，測試工作必須包含確認性測試（Confirmation Testing）與回歸測試（Regression Testing）兩個面向。為確保系統的功能正確性和穩定性，這兩類測試都需要預先規劃充足的執行時間，且應在各個測試層級中進行。

確認性測試的主要目的是驗證缺陷是否已被成功修復，並確保修復結果達到預期效果。根據不同的風險程度，可採用兩種測試方法（如圖 2.2.4）：其一是重新執行原有的測試案例，以確認缺陷是否已被修復；其二是針對那些需要新增額外功能才能解決的複雜缺陷，設計新的測試案例以涵蓋這些新增功能。當新增的測試案例通過驗證時，不僅代表額外功能運作正常，更進一步確保修復的完整性與系統的穩定性。

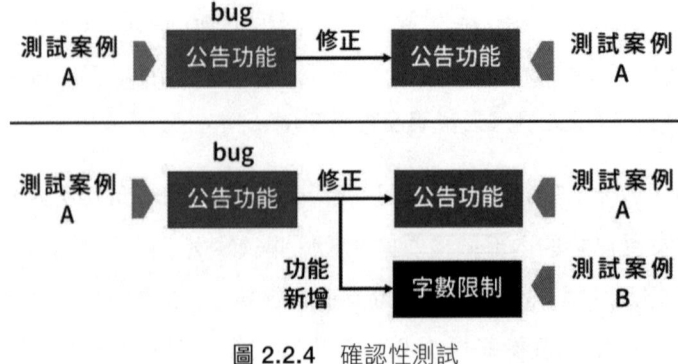

圖 2.2.4　確認性測試

回歸（Regression）現象指的是在修復缺陷過程中，系統未經修改的部分意外出現新的缺陷或異常，這類因修改而產生的新問題稱為回歸缺陷（Regression Defect）。為了發現並預防回歸缺陷，我們需要執行回歸測試，其目的在於確保系統未修改部分的穩定性，以及驗證新修復或新增的功能不會引發非預期問題。在執行回歸測試時，雙向追溯關係扮演關鍵角色，它能夠建立需求、規範、設計與測試案例之間的明確關聯，幫助團隊在系統變更時快速識別並執行相關的測試案例。

回歸測試的範圍不僅限於功能本身，還需考量運行環境的影響。以支付功能測試為例，除了驗證交易記錄和加密機制的正確性外，還需要在不同作業系統版本（例如 iOS 17、iOS 15 和 Android）上確認功能的穩定性，並驗證新舊加密協定間的相容性。由於軟體變更是持續且動態的過程，每次修改都可能引入新的影響或回歸缺陷，因此回歸測試往往需要反覆執行。考量到測試效率與成本效益，回歸測試是最適合優先導入自動化的項目之一，因為其具備最高的投資報酬率。

2.3 維護性測試

維護性測試是確保系統在變更後能夠穩定運作的重要環節，在軟體生命週期中扮演關鍵角色。系統變更可能源於多種原因，包括修復缺陷、操作環境升級、開發新功能或配合法規更新等。在執行維護性測試時，影響分析（Impact Analysis）是不可或缺的前置步驟，其目的在於評估變更的影響範圍及可能產生的副作用，藉此規劃適當的回歸測試範圍。然而，在執行影響分析時，團隊往往會面臨諸多挑戰，必須謹慎處理以確保分析結果的準確性與可靠度。

學習目標	難度	內容
FL-2.3.1	K2	總結維護性測試及其觸發因素

維護是軟體生命週期中的關鍵環節，目的在於確保系統穩定性、功能性及持續改善。ISO/IEC 14764 將軟體維護分為五種類型（如圖 2.3.1 所示）：修正性維護（Corrective Maintenance）專責修復已發現的系統問題；預防性維護（Preventive Maintenance）致力於防範潛在風險；適應性維護（Adaptive Maintenance）確保系統能配合環境變更；增強性維護（Additive Maintenance）著重於開發新功能以提升系統價值；完善性維護（Perfective Maintenance）則專注於最佳化既有功能以改善效能和使用體驗。執行上述維護工作時，必須搭配維護性測試，除了驗證系統變更（例如功能增強或缺陷修復）是否成功實施外，更要確保這些修改不會對系統其他未變動的部分造成非預期影響，特別是要預防回歸缺陷的產生。

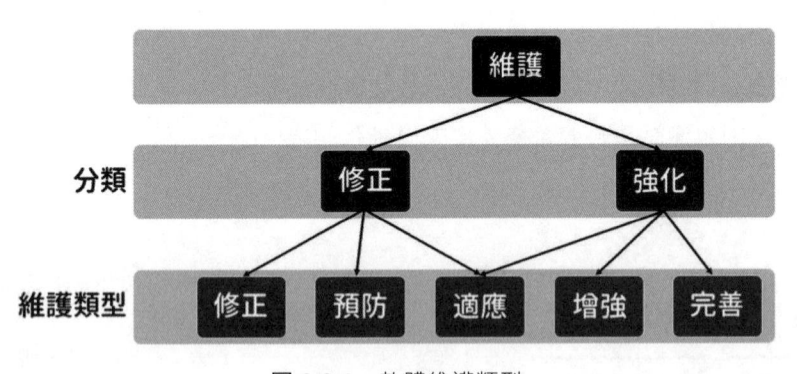

圖 2.3.1　軟體維護類型

影響分析是維護性測試的關鍵前置工作，主要用於評估系統變更所造成的全面影響範圍。透過影響分析，我們能識別出變更直接影響的區域（即已修改部分）並進行測試，同時評估可能受到間接影響的部分及其潛在副作用，為回歸測試提供明確方向，進而確保系統整體穩定性。然而，在執行影響分析時常會面臨三個主要挑戰：首先，若缺乏準確的參考文件（例如系統規範未即時更新），將難以準確評估變更範圍及其潛在風險；其次，測試與測試依據間若缺乏完整的雙向追溯關係，將使測試案例的更新變得困難，容易導致測試範圍不足

或資源浪費；最後，若開發階段未充分考量系統的可維護性，例如忽略模組化設計、程式碼易讀性與可測試性等關鍵品質特徵，將大幅提高後續分析與維護的複雜度。

Note

03

靜態測試

3.1 靜態測試基礎

3.2 回饋與審查流程

本章將帶領讀者深入瞭解靜態測試的核心概念與重要性。靜態測試不需實際執行受測系統就能識別問題，可有效提升軟體品質並降低缺陷成本，實現測試左移的目標。我們將探討靜態測試在各類工作產品（例如需求規格、設計文件和程式碼）上的應用，以及審查和靜態分析這兩個關鍵方法。同時，本章也著重說明回饋與審查流程的重要性，因為審查是靜態測試的核心活動，透過利害關係人早期且頻繁的回饋，能大幅提升審查效率與問題解決能力。讀者將學習審查流程的主要活動、角色職責和不同類型審查的適用情境，並瞭解如何確保審查的成功。

本章包含二個主題（涵蓋 8 個學習目標），這些內容組成 4 道考題的命題範圍。

- 靜態測試基礎

- 回饋與審查流程

K Level	學習目標	考題數量
K1	FL-3.1.1 (K1) 辨識靜態測試中可檢視的工作產品類型 FL-3.2.1 (K1) 確認早期與頻繁利害關係人回饋的好處 FL-3.2.3 (K1) 回憶執行審查時主要角色的職責 FL-3.2.5 (K1) 回憶有助於成功審查的關鍵因素	1
K2	FL-3.1.2 (K2) 說明靜態測試的價值 FL-3.1.3 (K2) 比較靜態測試與動態測試的差異 FL-3.2.2 (K2) 概述審查流程中的主要活動 FL-3.2.4 (K2) 比較不同審查類型的差異	3

* 必考一題

3.1 靜態測試基礎

本章將重點介紹靜態測試，讓讀者瞭解其適用情境，特別是在早期確保品質和降低成本方面的顯著優勢。透過學習，讀者將瞭解靜態測試為專案帶來的六大價值：及早發現缺陷、檢測靜態缺陷、提升品質與信心、促進理解與溝通、降低專案整體成本，以及高效發現程式缺陷，這些都有助於強化專案導入靜態測試的必要性。同時，本章也會說明靜態測試與動態測試的異同之處，並說明為何需要有效運用這兩種測試方法的互補性，才能確保產品品質。

學習目標	難度	內容
FL-3.1.1	K1	辨識靜態測試中可檢視的工作產品類型
FL-3.1.2	K2	說明靜態測試的價值
FL-3.1.3	K2	比較靜態測試與動態測試的差異

3.1.1 靜態測試適用的工作產品類型

靜態測試包含「審查」和「靜態分析」，適用於所有類型的的工作產品，其測試目標包括提升品質、發現缺陷，以及評估程式碼的可讀性、完整性、正確性、可測試性和一致性等特性。然而，在實務上，某些類型的工作產品因其特性較不適合單純依靠靜態測試，例如嵌入式系統的硬體驅動程式需要在實際硬體環境下執行，才能驗證其功能是否正常；又如，即時通訊軟體或線上即時支付系統等高互動的系統，其時效性與使用情境難以僅透過靜態方式完整驗證。

因此，這類工作產品更適合採用動態測試技術，以評估其在實際運行環境中的行為與品質。在後續章節中，我們將詳細比較靜態測試和動態測試的差異，並說明這兩種測試方法如何相輔相成，共同確保軟體品質。

「審查」適用於任何可以被人工檢查的工作產品（例如需求規範、原始碼、測試計劃、測試案例、產品待辦清單項目、流程規範、專案文件與合約等）。雖

然審查過程可能令人感到繁瑣，但審查是實現測試左移的最有效方法之一，也是本章的重點內容。另一方面，「靜態分析」則適用於具有結構化格式的工作產品，例如 UML 圖型等具有正式語法的模型、程式碼，或可依據語法規則檢查 XML 文件等。靜態分析的常見技術包括程式碼度量（例如迴圈複雜度）、控制流分析與資料流分析等。由於靜態分析通常透過工具自動執行，不僅能減少人工計算的繁瑣與錯誤（例如度量 1000 行程式碼的迴圈複雜度），所需工作量也相對較少，而且不需依賴測試案例就能實施，因此通常會納入到持續整合（Continuous Integration, CI）框架中。

靜態測試適用於驗證和確認活動。以需求規範作為工作產品舉例，透過審查可以檢查文件中術語的一致性，並確認是否涵蓋所有必要內容（例如功能需求、非功能需求和條件限制等）。此外，在演練導覽（審查類型之一）中，相關利害關係人可以逐條檢視需求規範的完整性與清晰度，即時釐清模糊或矛盾描述，藉此提升需求規範的品質，有效降低後續開發過程中的風險。

3.1.2 靜態測試的價值

靜態測試對於專案成功的價值可歸納為六個部分，分別為早期發現缺陷、檢測靜態缺陷、提升品質與信心、促進理解與溝通、降低專案整體成本，以及高效發現程式缺陷，以下逐一說明：

- **早期發現缺陷**：能在軟體開發生命週期的早期階段發現缺陷，不僅能降低後期修復成本，還能提升開發效率與產品品質。舉例來說，透過審查需求文件可以發現遺漏的測試情境，確保測試的完整性；而使用靜態分析則能檢測未使用的變數，避免在未來維護時造成混淆。這些靜態測試的作法都符合早期測試的原則。

- **檢測靜態缺陷**：能識別動態測試中不易發現的缺陷，進一步提升工作產品的品質。例如，在需求規範的審查中，可以發現相同術語在不同模組中

使用不一致的情況（例如模組 A 使用「使用者名稱」，而模組 B 使用「帳號」），避免在設計與實作階段產生溝通問題；而靜態分析則能檢測未遵循命名規範的變數，有助於提升程式碼的可讀性與維護性。這些缺陷類型透過靜態測試較容易發現，能減少在後續實作階段才發現所需付出的修改成本與時間。

- **提升品質與信心**：能有效評估工作產品的品質，進而建立團隊與利害關係人對產品的信心。例如，透過審查需求文件並確認其內容充分反映利害關係人的實際需求，可以確保產品設計方向正確；定期進行審查和溝通，不僅能提升產品的一致性與完整性，也能促進利害關係人與開發團隊間的信任。這些作法有助於減少在設計和實作階段因誤解需求而產生的缺陷，降低重工成本。

- **促進理解與溝通**：能幫助相關利害關係人建立對產品與需求的共同理解，促進團隊協作與溝通。例如，透過演練導覽，利害關係人能逐條討論需求細節，針對模糊描述進行澄清並提出改善建議；而使用示例對照（Example Mapping）技術時，則可以透過具體示例（Example）確認需求是否涵蓋所有使用情境，並檢查這些示例是否夠清晰以設計相應的測試案例。這些建立共同理解的做法都能減少後續開發過程中的誤解與重工。

- **降低專案整體成本**：能顯著降低專案的整體成本（儘管初期導入審查或靜態分析可能會增加成本）。透過及早發現並修復缺陷，可以避免在後期因需求問題而進行的設計與程式碼修改，減少不必要的重工成本。此外，靜態分析有助於提升程式碼品質，讓系統更具可維護性與可讀性，進而降低維護階段的成本和風險。

- **高效發現程式缺陷**：能更有效地發現特定程式碼缺陷，例如未定義的變數或未使用的程式碼，這些問題往往在動態測試中較難察覺。透過靜態分析工具，可以快速檢測並修正程式碼中的缺陷，不僅提升程式碼品質，也大幅減少後續重工與修復的負擔。

3.1.3 靜態測試與動態測試的差異

　　靜態測試與動態測試的共同目標是評估工作產品的品質，並及早發現缺陷以便降低修復成本。靜態測試無需執行系統就能識別問題，而動態測試藉由實際執行系統來觀察行為，適合發現系統運行時的相關問題。兩者相輔相成，能發現不同缺陷類型，共同全面性確保產品品質。表 3.1.1 以書店搜尋功能為例，說明靜態測試和動態測試如何共同為品質做出貢獻。

表 3.1.1　靜態測試與動態測試的互補關係

靜態／動態測試	觀點	範例
靜態測試 （審查）	需求文件檢查	檢查需求文件是否完整描述搜索功能的行為，包括模糊匹配支援程度及結果排序規則等內容
	SQL 查詢邏輯檢查	檢查搜索功能的 SQL 查詢語法正確性，確保能準確實現書名和編號的搜索邏輯
	系統設計驗證	檢查系統設計文件中是否清楚定義搜尋功能的資料流向和模組分工，避免不必要的耦合
靜態測試 （靜態分析工具）	唯一性分析	檢查商品編號的唯一性，防止資料重複造成搜索結果錯誤
	資料庫結構檢查	檢查資料庫是否對關鍵資料設定主鍵，確保資料的一致性和正確性
	程式碼品質分析	檢查程式碼的內聚力和耦合度，確保模組功能獨立且易於維護
動態測試 （實際執行系統）	功能測試	評估系統是否能回傳正確的搜索結果（輸入特定商品名稱）
	效能測試	評估搜索回應時間是否符合規範要求（例如 2 秒內回傳結果）
	使用者體驗測試	評估搜索結果是否以使用者易於理解的方式呈現（例如按照相關性排序）

表 3.1.2 說明靜態測試與動態測試在四個面向的差異。靜態測試是透過直接檢查（例如審查或靜態分析）工作產品內容來發現缺陷，而動態測試則需要執行工作產品才能觀察系統是否產生異常行為或失效現象，藉此判斷是否存在缺陷。靜態測試的優勢在於能發現執行頻率較低或難以觸發的缺陷，且適用於需求規範與驗收標準等非可執行的工作產品，同時也能評估可維護性等與程式碼執行無關的品質特徵。相對地，動態測試主要適用於軟體或系統等可執行的工作產品，能評估效能效率與可靠性等需要執行程式碼才能度量的品質特徵。

表 3.1.2　靜態測試與動態測試的差異

比較項目	靜態測試	動態測試
缺陷檢測方式	直接發現缺陷（無需執行程式碼）	透過觸發失效並進一步分析確定相關缺陷所在
缺陷發現特色	能發現執行頻率較低或難以觸發的程式碼缺陷	實際運行環境中能夠觸發的缺陷
工作產品類型	適用於非可執行的工作產品（例如需求規範、驗收標準等）	僅適用於可執行的工作產品（例如應用程式）
品質特徵度量	可度量與程式碼執行無關的品質特徵（例如可維護性）	可度量需執行程式碼的品質特徵（例如效能效率）

靜態測試善於發現某些在後期動態測試階段難以察覺的問題。表 3.1.3 列出靜態測試能更容易且較低成本發現的缺陷類型的缺陷類型，這些資訊有助於團隊在開發早期更有效地提升工作產品品質並降低風險。

表 3.1.3　更容易與便宜發現的缺陷類型

缺陷類型	範例
需求缺陷	需求規範中的不一致、模糊、矛盾、遺漏、不準確或重複
設計缺陷	不良的資料庫結構、模組化設計問題（包括模組間高度耦合或模組低內聚）、再利用性差

缺陷類型	範例
程式碼缺陷	變數值未定義、變數未宣告、無作用或重複的程式碼、程式碼過於複雜
偏離標準	程式碼未遵守命名規範（未使用蛇形或駝峰式命名）
介面規範錯誤	API 的參數數量、類型或順序不符
安全漏洞	程式碼中存在可能被惡意攻擊利用的緩衝區溢出與 DDoS 攻擊等問題
測試依據的覆蓋不足或偏差	測試案例未完整覆蓋驗收標準，導致部分需求未經測試

3.2 回饋與審查流程

回饋與審查流程是提升軟體開發品質與降低風險的核心活動。透過讓利害關係人在早期階段頻繁提供回饋，可以預防問題擴大並節省開發成本。在審查過程中，每個角色都有其特定職責：作者負責工作產品並進行必要修正，審查者仔細檢視內容，而主持人則確保審查會議有效進行。成功審查需要具備多項關鍵要素，包括目標明確、適當分工、管理階層支持及充分培訓等。本章將介紹包含五個活動的審查流程，說明如何透過系統化的回饋與審查不只能及早發現潛在問題，還能促進團隊協作與知識共享，進而確保軟體開發的效率與可靠性。此外，本章也會探討四種常見審查類型的適用場景和特點。

學習目標	難度	內容
FL-3.2.1	K1	確認早期與頻繁利害關係人回饋的好處
FL-3.2.2	K2	概述審查流程中的主要活動
FL-3.2.3	K1	回憶執行審查時主要角色的職責
FL-3.2.4	K2	比較不同審查類型的差異
FL-3.2.5	K1	回憶有助於成功審查的關鍵因素

3.2.1 早期與頻繁回饋的好處

在軟體開發過程中，及早且經常性的回饋扮演著關鍵角色。透過即時溝通，團隊能夠快速發現並解決潛在的品質問題。缺少利害關係人的參與，會使開發的產品無法符合其預期需求，不僅造成額外的修改成本和進度延遲，還可能導致團隊互相推卸責任，甚至使整個專案失敗。因此，IKIWISI（I'll Know It When I See It，看到才知道我要什麼）和 YAGNI（You Ain't Gonna Need It，你不會需要這個功能）這兩個原則都強調，專案成功的關鍵在於從利害關係人那裡獲得有價值的回饋。

在整個軟體開發生命週期中，持續收集利害關係人的回饋具有多重效益：能避免需求被誤解，並確保需求變更能被及時掌握和正確實作。這不僅幫助開發團隊更清楚理解產品內容，也讓團隊能專注開發對利害關係人最有價值的功能，進而有效降低專案風險。以 Scrum 為例，在每次衝刺檢視會議（Sprint Review）中，使用者可以實際操作該次開發的軟體功能，並提供直接的使用回饋。當使用者反映操作流程太複雜或介面不友善時，開發團隊能立即進行改善，提升產品的可用性與使用者滿意度，使專案更接近成功。

在敏捷軟體開發中，協作撰寫使用者故事是實現早期與頻繁回饋的重要途徑。測試人員、客戶代表與開發人員共同合作，透過示例對照（Example Mapping）這種結構化對話技術，及早釐清使用者故事中的模糊點或矛盾，確保驗收標準具備可測試性且獲得利害關係人認可（圖 3.2.1）。這樣的回饋迴圈能促進工作產品的完善，並持續確保其符合準備就緒（Definition of Ready），為後續開發和測試奠定堅實基礎。

圖 3.2.1　示例對照

3.2.2　審查流程的主要活動

　　圖 3.2.2 展示 ISO/IEC 20246 所描述的工作產品審查流程，組織可根據特定情境和需求來調整此流程。審查流程不必侷限於完整的工作產品，亦可僅針對其中的部分內容進行。在此情況下，為涵蓋整體內容，通常需分階段、多次執行審查活動，才能完成對整個工作產品的全面檢查。成功執行審查流程可以達到多項成果：讓審查者更深入理解工作產品、達成決策共識、激發新想法、促進工作產品改善，並協助參與者發現自身工作的潛在改善空間。以下將依序介紹審查流程中的 5 個活動。

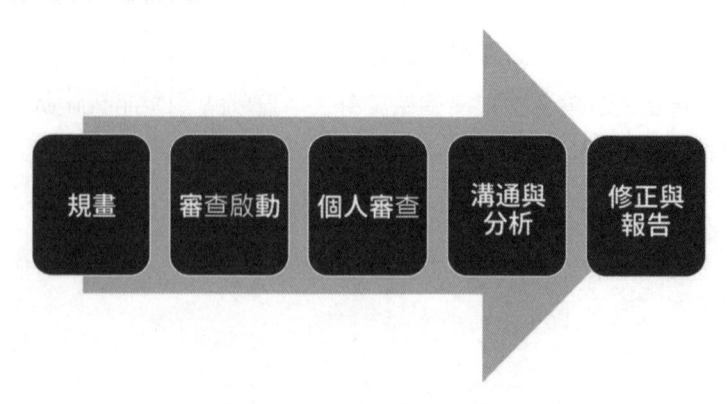

圖 3.2.2　工作產品審查流程

規劃（Planning）的主要目的是確定審查範圍，包括審查目的、需審查的工作產品、需評估的品質特徵、允出標準等內容。此外，需確認並協商審查活動、分配參與者的職責、估算審查所需的時間與資源，並選擇適合的個人審查技術（例如查核表導向審查與情境導向審查等）及設計具體檢查項目。這一階段的工作通常由審查負責人與管理者共同完成。

審查啟動（Review Initiation）的主要目的是確保所有參與者和相關資源都已準備就緒，以利審查順利進行。在這個活動中，審查負責人需要向參與者分發必要的審查輔助資料（例如查核表、審查指引等），同時說明審查範圍、特性、角色職責及需要特別關注的重點，並解答參與者的任何疑問。

個人審查（Individual Review）是由審查者獨立執行的評估活動，主要目的是評估工作產品的品質。在這個活動，審查者可以運用多種審查技術（如查核表審查、情境審查）來識別異常、提出建議並發現問題，同時需要完整記錄所有發現。這些問題通常會被記錄在議題記錄（Issue Log）中，並依據其嚴重程度進行分類。

溝通與分析（Communication and Analysis）活動主要是對審查過程中發現的異常進行討論和分析，因為並非所有發現的異常都一定是缺陷。如果有舉行審查會議，這些討論可以在會議中進行；如果沒有會議，則通常由負責分析的個人進行處理。在這個活動，會分析先前識別的議題以及新發現的問題，並根據後續行動為其分配狀態。審查決策結果可能包括：「直接使用」、「修正問題後使用」、「重做後重新審查」或「終止使用」。若決定終止使用該工作產品，則需要適當標記相關問題為「毋須解決」。

修正與報告（Fixing and reporting）是審查流程的最後一個活動，主要工作是針對每個發現的缺陷建立缺陷報告（defect report），以便追蹤修正進度。工作產品的作者會依據缺陷報告進行相關修改，當達到允出標準後，工作產品即可被接受並報告審查結果。在較正式的審查類型中，還會蒐集並運用各種度量指標來評估審查的有效性，作為後續流程改善的依據。

3.2.3 執行審查的角色職責

根據 ISO/IEC 20246 標準，審查是一項需要多方利害關係人共同參與的活動，可能涉及多達 10 種不同角色（如表 3.2.1 所示），每個角色都有其特定職責。在這些角色中，CTFL Syllabus 特別強調 6 種關鍵角色，我們將在後續內容中詳細探討它們的職責與重要性。值得注意的是，在某些審查類型中，一個人可能會同時擔任多個角色，例如在演練導覽中，作者除了要主持審查會議，還需要解釋工作產品內容並回答問題，以協助參與者深入理解並提升審查效率。

表 3.2.1　審查角色

角色	ISTQB
作者（Author）	○
客戶（Customer）	
主持人（Moderator）/ 協調員（Facilitator）	○
管理者（Management）	○
朗讀者（Reader）	
記錄者（Recorder/Scribe）	○
審查負責人（Review Leader）	○
審查者（Reviewer）	○
審查協調人（Reviews Coordinator）	
技術主管（Technical Lead）	

　　管理者負責決定審查的範疇與內容，並提供必要的資源（例如人力、資金與時間）。此外，管理者需持續監控審查的成本效益，例如評估資源投入是否有效降低缺陷數量並提升產品品質。依據不同審查性質和重要性，管理者可以選擇性參與審查會議，例如在偏重技術細節或問題解決的技術審查中，管理者通常只需透過審查報告或結果摘要來掌握關鍵進展即可。

審查者的主要職責是執行審查工作並識別工作產品中的潛在缺陷。這個角色可由不同背景的人員擔任，包括專案相關人員（例如開發人員或測試人員）、領域專家，或其他利害關係人（例如客戶代表）。為確保審查品質，審查者應獲得充足時間，專注於對工作產品提出客觀的評論，例如指出功能規範中的邏輯矛盾，而非對作者做出主觀評價。

作者作為工作產品擁有者，主要負責修正產品中的缺陷，並在審查過程中提供必要的澄清和解釋。他們需要以開放態度理解並接受審查者對工作產品的專業建議，同時要認知到審查的重點是針對產品本身而非作者個人，因為任何人都可能犯錯。此外，作者也可以根據審查者的評論評估審查者的貢獻價值，藉此回饋以便持續最佳化審查流程。

審查負責人主要負責管理整體審查流程，工作包括選擇適當的參與人員、設定審查目標，以及安排審查活動的時間和地點，確保審查活動能順利進行並達成預期目標。舉例來說，審查負責人可能會安排在下週三上午 10 點舉行需求文件審查會議，邀請開發人員、測試人員和產品經理參與，並在會議前確認審查人已完成個別準備工作，會後則負責監控缺陷修復進度並提供必要指引。

主持人負責確保審查會議（若有舉行）順利且有效地進行。他們的職責包括調解不同觀點或衝突，例如針對審查者的缺陷嚴重性初步判斷，與會開發人員與測試人員可能產生分歧，主持人需在此情境下協調各方；此外，主持人還需確保審查者採取客觀的態度進行審查，避免主觀偏見影響結果，同時營造相互信任與尊重的會議氛圍，是審查流程順利進行的關鍵角色。

主持人的責任是確保審查會議（若有舉行）能夠順利且有效進行。他們的主要職責包括調解不同觀點或衝突，例如當審查者對缺陷嚴重性進行初步判斷時，開發人員和測試人員可能存在分歧，主持人需要在這種情況下協調各方意見。此外，主持人還需確保審查者保持客觀態度進行審查，避免主觀偏見影響結果，同時營造相互信任與尊重的會議氛圍，是確保審查流程順利進行的關鍵角色。

記錄者負責收集與整理審查者發現的異常，並記錄審查過程中的相關資訊，讓審查人員和作者能專注於審查本身。記錄內容包括新發現異常（例如：某模組的函數未正確處理輸入資料）及會議決策（例如：某項功能需重新設計以符合需求規範）。

3.2.4 比較不同審查類型的差異

根據 ISO/IEC 20246 標準，審查可依其正式化程度分為 9 種類型（例如表 3.2.2 所示），從簡單的夥伴檢查到嚴謹的里程碑審查都包含在內。組織在選擇審查類型時，需要考慮多個因素，包括軟體開發生命週期模型、開發流程成熟度、工作產品的關鍵性與複雜性、法律或法規要求，以及是否需要稽核追蹤記錄。本章將重點探討 CTFL Syllabus 中提到的四種主要審查類型：非正式審查、演練導覽、技術審查和檢閱，深入分析它們的特點，協助團隊根據專案特性選擇最適合的審查方法。

表 3.2.2　審查類型

審查類型	描述
作者檢查 （Author Check）	作者自己進行的非正式檢查，用於初步發現明顯的錯誤和問題
夥伴檢查 （Buddy Check）	由同事獨立進行的非正式審查，專注於快速檢查特定問題
同儕桌面檢查 （Peer Desk Check）	非正式審查，由作者與同事一起進行簡單檢視和討論
成對審查 （Pair Review）	非正式審查，由兩位適任的成員進行，重點在快速檢查問題
非正式小組審查 （Informal Group Review）	非正式多人審查，不一定有明確流程或結果記錄

審查類型	描述
演練導覽 （Walkthrough）	作者主導，帶領參與者逐步檢視工作產品，以檢查問題或提供改進建議
技術審查 （Technical Review）	技術專家參與的審查，旨在解決技術問題，達成共識，並確保工作產品的品質
里程碑審查 （Milestone Review）	正式審查，用於檢查是否達到特定開發階段要求，通常與交付物相關
檢閱 （Inspection）	最正式的審查類型，遵循明確的流程和規範，並對結果進行全面的記錄

工作產品可以經歷多種審查類型，透過多次審查的結合可以針對不同目標（例如快速檢查、詳細評估和合規驗證）提供不同層次的保障，有效提升工作產品的整體品質。表 3.2.3 顯示線上購物平台的需求文件在三種審查類型下的審查成果。

表 3.2.3　線上購物平台的需求文件

審查類型	活動	成果
非正式小組審查	商業分析師與開發團隊共同檢查需求是否完整，例如「是否有商品庫存同步機制？」	發現初步遺漏（例如未明確處理「庫存不足時的提示」）
技術審查	確認資料庫設計是否適用於大量交易，例如「商品庫存表是否需要加索引以提升查詢效率？」	建議技術方案（例資料表分割，減輕主資料表的查詢與寫入壓力
演練導覽	作者引導測試人員和客戶代表逐條檢查需求細節，例如「滿額免運費是否包含特價商品？」	澄清需求（例如確認「滿額免運費」的具體標準為 1000 元）

非正式審查（Informal Review）是一種靈活且快速的審查方式，它不需要遵循固定流程，也不要求正式記錄結果。其主要目的是發現工作產品中的異常（anomalies），例如需求文件中出現前後矛盾的描述。非正式審查在敏捷開發中特別常見，例如測試人員在檢視需求文件時發現用詞模糊，可以直接與客戶代表溝通以釐清內容並改善文件品質。這類審查包含多種形式：作者檢查、夥伴檢查、同儕桌面檢查、成對審查及非正式小組審查。

　　演練導覽（Walkthrough）是一種由工作產品作者親自主持的審查方式，作者透過直接解說讓參與者瞭解產品背景、目的和細節內容。在審查過程中，參與者可以隨時提出問題，藉此深入理解工作產品。這種審查方式的應用範圍相當廣泛，不僅能發現異常，還可以用於評估產品品質、建立團隊信心、促進相互理解、凝聚共識並激發創新想法，同時也能協助作者自我改善工作產品。由於演練導覽主要依靠會議中的即時互動和作者解說來發現問題，因此參與者不一定需要事前進行「個人審查」準備。

　　技術審查（Technical Review）是由具備專業技術資格的團隊，並在主持人帶領下所進行的正式審查活動。此類審查旨在確認工作產品是否符合預定用途，檢視其與規範或標準的符合度，並針對技術議題達成共識與決策。除了發現異常、評估產品品質、建立信心和激發創新想法協助作者、改善工作產品外，技術審查也著重提供替代方案的建議並對其進行分析。由於審查對象通常是技術性較高的工作產品（如設計文件、程式碼或技術規範），參與者需要在會議前充分準備，以確保能夠有效參與討論。最後，技術審查會文件化記錄過程中發現的異常和重要決策，為後續實施提供關鍵依據。

　　檢閱（Inspection）是最正式的審查類型，遵循完整的工作產品流程，其主要目的是發現最多數量的異常。此外，檢閱還致力於評估工作產品的品質、建立對工作產品的信心，以及激勵與協助作者改善工作產品。檢閱過程中會收集度量指標（例如缺陷密度）以便回饋進而最佳化整體軟體開發流程。甚至檢閱

流程本身也可透過度量資訊改善，例如分析檢閱活動的資源投入與產出比（例如參與人員的工時與準備成本），以提升效率與效能。為確保審查的客觀性，檢閱規定作者不得擔任審查負責人或記錄者。

3.2.5 審查成功關鍵因素

審查成功依賴 9 種關鍵因素，包括清晰目標、適合類型、管理支持、小範圍審查及有效主持等，以下將逐一介紹：

- **定義清晰目標和量化允出標準**：在規劃階段明確定義審查目標，並作為可量化的允出標準。例如，允出標準可定義為「解決所有已識別缺陷，且覆蓋率達到 90% 以上」。

- **選擇適合的審查類型**：根據目標、工作產品類型和參與者特性選擇適合的審查類型。例如，針對程式碼，選擇「技術審查」，由開發人員和技術專家參與，避免使用耗時的「檢閱」。

- **小範圍審查**：縮小審查範圍，降低複雜度，確保審查人員在個人或會議審查時集中精力。例如，每次審查限制在 20 頁文件或 500 行程式碼內。

- **向利害關係人和作者提供審查回饋**：將審查回饋提供給相關人員，幫助提升產品品質。例如，需求審查後，建議將「快速回應」改為「回應時間低於 2 秒」，使需求更具測試性。

- **為參與者提供充分準備時間**：提前安排審查時程，以便參與者有充足時間進行準備。例如，在審查開始前 2 天提供相關文件，供參與者熟悉內容。

- **管理階層對審查流程的支援**：管理階層提供資源和時間支援，保障審查順利進行。例如，每週安排 2 小時固定審查時段，確保團隊能夠參與。

- **讓審查成為組織文化的一部分**：促進學習與流程改善，將審查融入日常工作流程中，成為工作的一部分。例如，每月舉辦審查經驗分享會，交流最佳實務。

- **為所有參與者提供充分培訓**：為參與者提供必要的培訓,確保他們清楚如何履行角色。例如,會議前為參與者提供簡要流程和工具使用指引。

- **有效主持會議**：主持人應引導會議進行,避免浪費時間在不相關的討論上。例如,主持人設定明確議程,例如限制每項議題的討論時間,防止過度偏離主題。

04

測試分析與設計

4.1 測試技術概述

4.2 黑箱測試技術

4.3 白箱測試技術

4.4 經驗導向的測試技術

4.5 協作導向的測試方法

測試分析負責識別測試條件，測試設計則將測試條件轉化為具體可執行的測試案例。為了提升測試效率與覆蓋品質，本章將介紹多種測試技術，並說明其應用情境與設計原則。測試技術依據觀點與策略可分為三大類型：黑箱測試技術、白箱測試技術及經驗導向測試技術。此外，本章也將介紹協同合作的測試方法，例如基於使用者故事的測試設計與驗收標準撰寫，著重於測試人員、開發及客戶角色間的互動與共識建立，進而確保整體測試品質。

本章包含五個主題（涵蓋 14 個學習目標），這些內容組成 11 道考題的命題範圍。

- 測試技術概述
- 黑箱測試技術
- 白箱測試技術
- 經驗導向測試技術
- 協同合作測試方法

K Level	學習目標	考題數量
K2	4.1.1 區分黑箱測試技術、白箱測試技術和經驗導向的測試技術 * 4.3.1 解釋敘述測試 4.3.2 解釋分支測試 4.3.3 解釋白箱測試的價值 4.4.1 解釋錯誤猜測 4.4.2 解釋探索性測試 4.4.3 解釋查核表測試 4.5.1 解釋如何與開發人員和客戶代表協作撰寫使用者故事 4.5.2 分類撰寫驗收標準的不同選項	6

K Level	學習目標	考題數量
K3	4.2.1 使用等價劃分法設計測試案例 * 4.2.2 使用邊界值分析設計測試案例 * 4.2.3 使用決策表測試設計測試案例 * 4.2.4 使用狀態轉換測試設計測試案例 * 4.5.3 使用驗收測試驅動開發設計測試案例 *	5

* 必考一題

4.1 測試技術概述

測試技術是連結需求與測試實作間的重要橋樑，能協助測試人員在測試分析與設計階段，透過系統化的方法建立具代表性且高效率的測試案例。適當的測試技術有助於辨識潛在風險、降低遺漏關鍵測試條件的可能性，並有效控制測試案例的數量與覆蓋品質。本章將介紹九種常見的測試技術，依據 CTFL Syllabus，這些技術可分為三大類型：黑箱測試技術（Black-box test techniques）、白箱測試技術（White-box test techniques）及經驗導向測試技術（Experience-based test techniques）。透過本章學習，讀者將能掌握各類技術的核心原則與應用場景，清楚區分不同測試技術的思考方式與設計策略，進一步提升測試設計的系統性與效率。

學習目標	難度	內容
FL-4.1.1	K2	區分黑箱測試技術、白箱測試技術和經驗導向的測試技術

4.1.1 測試技術簡介

測試技術能幫助測試人員在測試分析與設計過程中，系統化發展相對較小但有效的測試案例。在分析階段，透過結構化方式識別測試條件，避免遺漏

重要測試點；例如在銀行系統測試中，可應用邊界值分析（Boundary Value Analysis）來確保測試金額上下限等臨界點。在設計階段，測試技術則協助設計具代表性的最小測試案例集；以提款金額範圍 200 至 1000 為例，我們毋須測試所有 801 個可能值，而是可選擇 4 至 6 個具代表性的邊界值來涵蓋主要風險，藉此提高測試效率並確保測試有效性。

在 CTFL Syllabus 中，測試技術被分類為黑箱測試技術、白箱測試技術及經驗導向測試技術。

- **黑箱測試技術**：黑箱測試技術專注於測試軟體的外部可見行為，透過分析受測物的輸入與輸出來設計測試案例，而不考慮其內部結構。這類技術主要依據需求規範、使用案例或使用者需求文件來設計測試，因此又被稱為規範導向技術（Specification-Based Techniques）。由於黑箱測試不涉及軟體內部實作，測試人員無須瞭解程式碼或結構設計，這也意味即使軟體實作方式改變，只要其功能行為維持不變，原有的測試案例就能持續有效。

- **白箱測試技術**：白箱測試技術主要關注受測物的內部結構與處理邏輯，因此又稱為結構導向技術（Structure-Based Techniques）。測試案例是根據程式碼、流程控制和資料流程等內部細節來設計。這種技術要求測試人員必須理解軟體的實作方式，且因為測試案例需依據具體實作來建立，所以通常要等到受測物的設計或實作完成後才能進行，例如程式碼覆蓋率測試就必須在程式碼開發完成後才能執行。

- **經驗導向測試技術**：經驗導向測試技術主要依賴測試人員的知識與歷史經驗來設計測試案例。雖然這類技術的有效性高度取決於測試人員的直覺與經驗，且存在覆蓋度難以量化的缺點，但經驗導向測試技術能發現可能被黑箱和白箱測試技術忽略的缺陷。因此，實務上通常會將經驗導向測試技術與黑白箱測試技術結合使用，以達到更全面的測試效果。

根據 ISO/IEC 29119-4 標準，測試技術可分為 12 種黑箱測試技術、7 種白箱測試技術和 1 種經驗導向測試技術（如表 4.1.1 所示）。CTFL Syllabus 涵蓋其中 7 種測試技術，並額外補充 2 種經驗導向測試技術，分別為探索性測試（Exploratory Testing）和查核表測試（Checklist-based Testing），因此，本章節總共會介紹 7 種測試技術。至於未納入 CTFL Syllabus 的測試技術，則會在 CTAL-TA、CTAL-TTA 及 CT-AI 等進階 Syllabus 中詳細介紹。

表 4.1.1　測試技術

測試技術類型	測試技術	ISTQB CTFL
黑箱測試技術	等價劃分	○
	邊界值分析	○
	決策表測試	○
	狀態轉換測試	○
	因果測試	
	情境測試	
	組合測試設計技術	
	分類樹測試	
	語法測試	
	隨機測試	
	變形測試	
	需求基礎測試	
白箱測試技術	敘述測試	○
	分支測試	○
	決策測試	
	分支條件測試	

測試技術類型	測試技術	ISTQB CTFL
	分支條件組合測試	
	MC/DC 測試	
	資料流測試	
經驗導向測試技術	錯誤推測	○

4.2 黑箱測試技術

　　本章深入介紹四種在實務中廣泛應用的黑箱測試技術（等價劃分法、邊界值分析、決策表測試及狀態轉換測試）。我們將詳細闡述每種技術的定義、核心概念、適用場景、優勢與限制，並透過實例說明如何設計具代表性且可驗證的測試案例。此外，本章還將探討這四種黑箱測試技術對應的覆蓋率計算，幫助讀者理解技術選用與測試完整性的關聯。透過本章的學習，讀者將掌握這些技術的應用原則與設計流程，建立系統化的測試設計思維，為後續測試實作與專案應用奠定堅實基礎。

學習目標	難度	內容
FL-4.2.1	K3	使用等價劃分法設計測試案例
FL-4.2.2	K3	使用邊界值分析設計測試案例
FL-4.2.3	K3	使用決策表測試設計測試案例
FL-4.2.4	K3	使用狀態轉換測試設計測試案例

4.2.1 等價劃分

等價劃分（Equivalence Partitioning, EP）是一種常見的黑箱測試技術，其核心概念是將資料（輸入、輸出或處理邏輯）分成若干個互不重疊的等價類別（Equivalence Classes）。由於在同一等價類別內的所有資料會產生相同的系統行為，因此，只需從每個等價類別中選擇一個代表性的值進行測試，便可推測該類別中其他值的處理結果。換句話說，如果一個代表性的值導致缺陷，那麼該等價類別中的其它值很可能會出現相同問題。這種方法能有效減少測試案例數量，同時兼顧達成測試效率與覆蓋率間的平衡。

等價類別的測試設計原則是將資料分為兩種類型的等價類別：

- **有效等價類別（Valid Equivalence Class）**：指包含有效值（Valid Values）的等價類別，有效值通常指系統在正常情況下應接受並處理的資料集合或是在需求規範中有明確定義之合理且合法的資料集合。測試有效值是為確認功能可以按預期正常運作。例如，若系統接受 1–100 的數字輸入，則 50 便是有效等價類別中的一個代表值。

- **無效等價類別（Invalid Equivalence Class）**：指包含無效值（Invalid Values）的等價類別，無效值通常指應被系統忽略或拒絕的輸入（例如格式錯誤、超出限制等）或在需求規範中沒有定義如何處理的輸入，測試無效值是為了驗證系統是否具備適當的例外處理或錯誤回應機制。例如，對於只接受 1–100 數字的系統，-5 或 150 都屬於無效等價類別。系統設計時至少應考慮一個無效等價類別，但根據需求複雜度，可能需要考慮多個。

等價劃分適用於各種類型的資料元素，無論是離散或連續、有限或無限的資料都可以運用此技術。

- 離散資料，例如顏色（紅、綠、藍）或人數（1 人、2 人、3 人），可以依其自然分類進行等價類劃分。而連續資料，例如身高與體重，則可依實際需求分成不同的數值區間，例如身高可劃分為 150 ～ 160 公分、161 ～ 170 公分等。

- 無限型態的資料，例如薪資可從 0 延伸至無上限，則可設計為「0 ～ 3 萬」、「3 萬 ～ 10 萬」及「超過 10 萬」等價類別。而有限型態資料，例如一天中的時間（限制是 24 小時），則可依據時段劃分，例如「0:00 ～ 6:00」、「6:00 ～ 12:00」等。

等價劃分的覆蓋率計算公式如下：

$$等價劃分覆蓋率 = \frac{測試案例涵蓋的等價類別數量}{所有等價類別數量} \times 100\%$$

在等價劃分中，覆蓋項目是所有等價類別的數量，包括有效等價類別與無效等價類別。若測試案例能涵蓋所有等價類別，則可達到 100% 的等價劃分覆蓋率，確保所有可能情境皆已驗證。

由於每個等價類別中的任一值都被視為代表整個類別的行為，因此即使對同一個等價類別使用多個測試資料，也不會提升覆蓋率。例如，若某功能的輸入金額限制為 1000 至 10,000 元，使用等價劃分可以分為三個等價類別：

- **有效等價類別**：有一個（1000 ≤ 金額 ≤ 10,000）

- **無效等價類別**：有二個，分別是金額 < 1000，以及金額 > 10,000

參考表 4.2.1，測試案例 TC1、TC2、TC3 均屬於有效等價類別，TC4、TC5 分別對應兩個無效等價類，則僅需從 TC1 ～ TC3 中任選一筆代表值即可達成該等價類的覆蓋。因此，只需 3 個測試案例即可涵蓋所有等價類別，達到 100% 等價劃分覆蓋率。

表 4.2.1 提款金額的等價劃分

測試案例	測試金額	等價類別
TC1	1500	有效
TC2	2000	有效
TC3	8000	有效
TC4	999	無效
TC5	15000	無效

在實務中，多數受測物通常具有多個輸入參數，且每個參數各自擁有獨立的等價劃分。在此情境下，若同時考慮所有參數間的組合，測試案例數量將呈現指數成長。為了提升測試效率，可以利用單一測試案例同時涵蓋來自不同參數的等價類別，此種測試覆蓋方式稱為逐項選擇覆蓋（Each Choice Coverage），逐項選擇覆蓋的原則是：每個等價類別至少出現一次，但不要求覆蓋條件間的所有組合。

例如某網站的使用者註冊表單包含兩個輸入欄位：「年齡」與「電子郵件」。為確保系統對不同輸入情境有正確處理，測試人員應用等價劃分如下：

- **年齡**：包含一個有效等價類別（18～65 歲）以及二個無效等價類別（小於 18 與大於 65）
- **電子郵件**：包含一個有效等價類別（含 @）以及一個無效等價類別（不含 @）

當採用逐項選擇覆蓋時，僅需設計測試案例涵蓋上述所有等價類別各至少一次，而不需考慮等價類別間的組合。因此，只需設計 3 個測試案例即可達成 100% 的逐項選擇覆蓋，如表 4.2.2 所示。

表 4.2.2　逐項選擇覆蓋

測試案例	年齡	電子郵件	說明
TC1	25	user@mail.com	年齡有效、Email 有效
TC2	16	contact.com	年齡無效（小於 18）、Email 無效（不含 @）
TC3	70	user@example.com	年齡無效（大於 65）、Email 有效

等價劃分的優點在於能有效降低測試案例數量，同時保有良好的代表性與測試有效性。透過將資料劃分為有效與無效的等價類別，測試人員只需從每個類別中選取一個代表值進行測試，即可推論該類別中所有值的行為表現，從而在測試效率與覆蓋範圍間取得最佳平衡。此技術特別適用於表單欄位檢查、資料驗證、數值範圍控制等常見情境。此外，等價劃分也易於與其它黑箱測試技術（例如邊界值分析與決策表測試）搭配使用，使測試工作更加有效率且全面。

等價劃分在實務應用上也存在幾項限制。首先，等價劃分無法有效驗證邊界處的系統行為，因此通常需與邊界值分析配合使用以便檢測臨界點錯誤；其次，等價類別的正確劃分高度依賴需求規格的清晰度和測試人員的專業經驗，若分類不當可能導致測試效果不佳或覆蓋不足；此外，由於等價劃分著重於單一條件的測試，當面對多條件邏輯判斷或複雜業務規則交叉情境時，其表現較為有限，此時建議可採用決策表測試或狀態轉換測試等更具結構性的技術，以確保測試的全面性和有效性。

4.2.2　邊界值分析

Boris Beizer 在其著作中提到：「臭蟲總是潛伏在角落，並聚集在邊界（Bugs lurk in corners and congregate at boundaries）」，這句話恰如其分地概括邊界值分析（Boundary Value Analysis, BVA）的核心原理。由於系統錯誤經常出現在處理極端情境的邊界條件上，邊界值分析的假設為：若系統能正確處理邊界值，則對區間內的資料通常也能正確處理。

04 測試分析與設計

邊界值分析可視為等價劃分的一種延伸應用，只適用於具順序性劃分（ordered partitions）的情境中。對每個有序劃分而言，其區間的最小值與最大值分別構成下邊界與上邊界，測試人員會特別關注這些邊界值以及鄰近的數值（例如：邊界值的前一個與後一個），以驗證系統是否能正確處理臨界情境。此外，從邏輯推論來看，若兩個值屬於同一劃分區間，這兩個值間的所有中間值也應屬於該區間，系統對這些值應提供一致且可預期的處理行為。

圖 4.2.1 展示某個輸入欄位的整體數值區間共劃分為三個有序的等價類別，等價類別 1 為 1～17，等價類別 2 為 18～60，等價類別 3 則為 61 以上。針對等價類別 2，數值 18 為其下邊界，60 為其上邊界，在邊界值分析中，這兩個值具有特別意義，因為程式邏輯最容易在這些臨界點發生錯誤，測試時應特別關注。

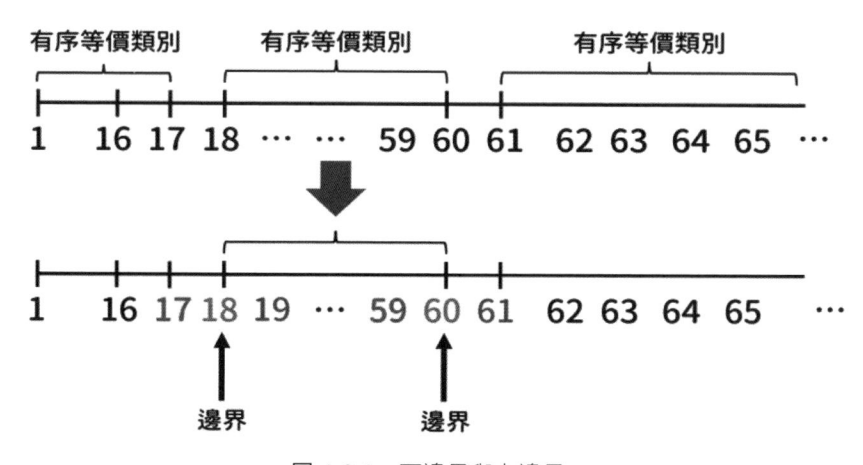

圖 4.2.1　下邊界與上邊界

邊界值分析的覆蓋率計算公式如下：

$$邊界值分析覆蓋率 = \frac{測試案例涵蓋的邊界值數量}{所有邊界值數量} \times 100\%$$

在邊界值分析中，覆蓋項目是所有邊界值的數量。若測試案例能涵蓋所有邊界值，則可達到 100% 的邊界值分析覆蓋率，確保系統能正確處理所有臨界情境。根據 CTFL Syllabus，邊界值分析有兩種常見的實作方式，分別是二值邊界值分析（2-value BVA）與三值邊界值分析（3-value BVA）。這兩種方法的差異在於每個邊界所需設計的測試資料數量不同，以符合邊界覆蓋的要求：

- **二值 BVA（2-value BVA）**：針對每個邊界，選取剛好在邊界上的值以及邊界外的一個鄰近值作為測試資料。例如，若區間為 18～60，則邊界值為 17、18、60、61，因此需要 4 筆資料。

- **三值 BVA（3-value BVA）**：針對每個邊界，選取三個連續值：邊界值本身，以及左右兩側的鄰近值。例如，若區間為 18～60，則邊界值為 17、18、19、59、60、61，因此需要 6 筆資料。

三值 BVA 被認為比二值 BVA 更為嚴謹，因為它有助於發現二值 BVA 可能忽略的邏輯錯誤。參考表 4.2.3，假設正確程式碼為 X >=10，但程式設計師在撰寫時不小心漏寫 >，變成錯誤的 X = 10。接著我們比較使用二值 BVA 與三值 BVA 時的測試結果：

- 二值 BVA 使用兩個值（9, 10）進行測試。這兩個值在正確程式碼與錯誤程式碼中所得到的結果是一致的，因此開發或測試人員無法發現這個錯誤。

- 三值 BVA 使用三個值（9, 10, 11）。當測試值為 11 時，會觀察到在正確程式碼與錯誤程式碼中出現不一致結果，進而有機會發現條件運算符號遺漏（例如 >= 被寫成 =）的問題。

表 4.2.3　邊界值分析

邊界值分析	邊界值	X>=10 （正確程式碼）	X=10 （錯誤程式碼）
二值 BVA	9	Flase	Flase
	10	True	True
三值 BVA	9	Flase	Flase
	10	True	True
	11	True	Flase

此案例也清楚說明邊界值分析能夠發現的典型缺陷，包括實作中的邊界位置被誤放在高於或低於預期位置，或是遺漏邊界條件本身。這也突顯三值 BVA 在捕捉臨界點錯誤上的重要性，並強化其在高風險或邏輯複雜情境下的實務應用價值。

邊界值分析具備多項實用優點。首先，只需極少的測試案例便可有效找出潛在錯誤，特別適用於數值範圍、輸入驗證與條件判斷等情境，邊界值分析在實務上也被廣泛應用，且能與其他黑箱測試技術（例如等價劃分）結合使用，進一步提升測試完整性。然而，此技術也存在一些限制，例如無法涵蓋多個條件間的邏輯組合關係，若輸入資料為非連續型（例如地區、等級等分類型資料），邊界概念則無法套用。

4.2.3　決策表測試

決策表測試（Decision Table Testing）是一種基於輸入條件與對應動作的測試技術，適用於處理複雜的業務規則（Business Rules），可確保所有可能的輸入組合均被測試。決策表測試透過決策表（Decision Table）來明確表示條件（Conditions）與動作（Actions）間的關係，特別適用於具有多條件決策邏輯的系統。

決策表由四個核心元素組成，這些元素共同定義系統在各種情況下的行為方式：

- **條件（Conditions）**：塑模情境、影響決策的輸入變數，例如「客戶是否為會員」或「購買金額是否超過 $100」等。條件通常列在決策表的上半部，代表系統在做出決策前需要評估的判斷依據。條件的取值可以是二元（是／否）或多元（例如：國中／高中／大學），視實際商業邏輯而定。

- **條件組合（Condition Combinations）**：所有條件可能值的排列組合，每一組條件組合構成決策表中的一條規則（Rule），代表一種特定的輸入情境。這些組合可用來推導對應的系統行為或動作。在完整的決策表中，條件組合的數量通常取決於條件的數量及其可能值。

- **動作（Actions）**：當特定的條件組合成立時，系統應該執行的一個或多個回應，例如「給予折扣」或「免費送貨」等。這些動作通常位於決策表的下半部，與上方條件所構成的每一條規則對應。動作應該是可觀察、可驗證的系統行為，以利測試人員設計斷言與驗證點。

- **決策規則（Decision Rule）**：指特定條件組合與對應動作之間的對應關係。在決策表中，每一欄（Column）代表一條決策規則，定義一組唯一的條件取值組合，及其對應的執行動作。一個決策表可能包含多條規則，每條規則是獨立的測試案例依據。有限輸入決策表（Limited-Entry Decision Table）中，n 個條件最多可產生 2^n 條規則。

表 4.2.4 顯示一個包含 2 個條件與 2 個動作的決策表，所衍生的決策規則如下：

- **決策規則 1**：會員且購買金額 > 100，則「給予折扣」與「免費送貨」。
- **決策規則 2**：會員但購買金額 ≤ 100，則「僅給予折扣」。
- **決策規則 3**：非會員但購買金額 > 100，則「僅免費送貨」。
- **決策規則 4**：非會員且購買金額 ≤ 100，則無折扣也無免費送貨。

04 測試分析與設計

表 4.2.4　決策表

決策規則		規則 1	規則 2	規則 3	規則 4
條件	客戶為會員	是	是	否	否
	購買金額 > 100	是	否	是	否
動作	給予折扣			X	X
	免費送貨		X		X

決策表的類型共分為二種，分別是有限輸入決策表與擴充輸入決策表。

- **有限輸入決策表（Limited-Entry Decision Table）**：適用於所有條件皆為是 / 否（二元邏輯）的測試場景。這種表格形式簡潔明瞭，條件只有兩種可能的取值，通常用「T/F」或「Y/N」表示，具備簡單易懂特性。

- **擴充輸入決策表（Extended-Entry Decision Table）**：條件不再侷限於布林值，而是可接受多值（例如：A / B / C、低 / 中 / 高）。此類決策表更為靈活，能夠處理更複雜的業務邏輯和多元條件，適用於真實世界中有多種可能性的測試情境，但在可讀性上表現較差。

在決策表中，條件值與動作值的標記方式常見如下：

- **條件值**：通常以布林值表示，例如 T（True）表示條件成立，F（False）表示條件不成立。根據實際需求，也可以改用其他表示形式，例如 Yes/No、Y/N 或 1/0，以便配合組織慣例或工具格式。若某個條件對結果無影響，則可標示為 –（不相關，Don't care）；若某條件組合在邏輯上不可能發生，則標示為 N/A（不適用）。

- **動作值**：X 表示該動作應執行（Action should occur），而空白（留空）表示該動作不執行（Action should not occur）。必要時也可根據實際情境自訂其他符號，以提高表達的清晰度與表格可讀性。

4-15

決策表測試的覆蓋率計算公式如下：

$$決策表測試覆蓋率 = \frac{測試案例涵蓋的條件組合}{所有（可行的）條件組合} \times 100\%$$

在決策表測試中，覆蓋項目是條件組合（即每一條決策規則）。若測試案例能涵蓋所有條件組合，則可達到 100% 的決策表測試覆蓋率，確保所有可能的輸入情境皆已驗證。然而隨著條件數量增加，條件組合將呈指數增長（exponential growth），這將導致測試成本大幅上升。因此實務上會排除邏輯上不可能發生的組合，僅保留可行的條件組合作為實際覆蓋項目。換言之，所謂的「可行條件組合」即為剔除不可行情況後，仍需驗證的輸入情境，合理降低這些組合的數量，也有助於控制測試案例的規模與執行成本。

事實上，決策表中的決策規則數量可以透過簡化（Simplification）或最小化（Minimization）來有效降低。簡化是指刪除那些在實務上不可能發生的條件組合（Infeasible Combinations），例如邏輯矛盾或業務流程中永不成立的情境。另一種方式為最小化，即將對結果無實質影響的條件組合進行合併，以減少重複或冗餘的規則數量。值得注意的是，最小化決策表的技術屬於進階主題，包含在 ISTQB 的 CTAL-TA（Test Analyst, Advanced Level）教材中，而非 CTFL syllabus 的教學範圍。

決策表測試提供一種結構化的方法，協助測試人員全面納入所有條件組合，降低遺漏關鍵測試情境的風險。透過表格形式清楚展開條件與對應動作，不僅讓邏輯關係更具視覺化與可理解性，也有助於與開發人員、商業分析師及其他利害關係人進行有效溝通。

設計決策表的過程可視為靜態測試技術的應用。以下以線上購物平台的案例作為說明，某電商平台為提升顧客忠誠度並鼓勵高金額消費，訂定一套優惠政策。系統根據顧客的「會員身份」與「單筆購買金額」作為判斷依據，決定是

否提供折扣與免費送貨服務。若顧客為會員且購買金額超過 100 元，則提供 9 折優惠與免費送貨；若顧客為非會員但購買金額超過 100 元，則僅提供免費送貨，不提供折扣。

由於該決策表中包含 2 個布林條件（「會員身份」與「單筆購買金額」），理論上應涵蓋 2^2=4 種條件組合。表 4.2.5 展示該平台對應的決策表內容。當我們依據原始規範填入各條件組合所對應的動作時，會發現規範僅明確定義 2 條決策規則（R1 與 R3），而針對「金額未超過 100 元」的兩種情況（R2 與 R4）則完全未提及，形成需求不完整（Incompleteness）的問題。

表 4.2.5　購物平台決策表

決策規則		規則 1	規則 2	規則 3	規則 4
條件	會員（是 / 否）	是	是	否	否
	購買金額 > 100	是	否	是	否
動作	給予折扣	X			
	免費送貨	X		X	

這類缺陷會導致系統設計與開發階段產生邏輯模糊，使開發人員無法確定系統在特定情境下應執行何種行為；對測試人員而言，也將因缺乏明確預期結果而無法準確驗證系統是否正確運作。因此，在設計決策表的同時，測試人員也能及早發現與釐清需求規範中的問題，這正是決策表在需求階段能發揮價值的重要原因，也突顯可將其視為靜態測試技術的實務應用。

4.2.4　狀態轉換測試

狀態轉換測試（State Transformation Testing, STT）通常配合狀態圖（State Diagram）進行，以便完整塑模系統所有可能狀態及其有效狀態轉換路徑的動態行為。在狀態圖中，狀態間的轉換（Transition）由特定事件（Event）觸

發，且這些轉換可能受到特定約束條件（Guard Condition）限制，只有當約束條件被滿足（評估為真）時，狀態轉換才會實際發生。

值得注意的是，狀態轉換通常是即時的（Instantaneous），且轉換過程中可能會伴隨系統執行具體動作（Action），例如輸出提示訊息、設定變數數值、呼叫特定函式等操作。這些動作通常是外部可觀察的（observable）或可測試與驗證的（testable and verifiable）。以銀行 ATM 系統為例，當使用者插入提款卡的事件發生時，對應動作為 ATM 螢幕應該顯示「請輸入密碼」提示。因此，測試人員必須明確驗證【動作】，在測試案例設計時將「螢幕顯示〔請輸入密碼〕」定義為預期結果，並在測試執行過程中，實際驗證系統螢幕是否確實出現此訊息。

常見的狀態轉換標記語法為：「事件 [約束條件] / 動作」，若系統中不存在約束條件或動作，或者這些元素對測試人員而言不具相關性時，則可省略不寫。表 4.2.6 提供不同情況下的狀態轉換標記語法變化。而圖 4.2.2 則展示狀態轉換的完整實例，清楚呈現狀態（單身與已婚）、轉換（單身至已婚）、事件（婚姻登記）、約束條件（年齡 > 18）及動作（發送婚姻登記成功通知）。特別需要注意的是，約束條件的表達方式應為可明確判定真假的布林值（True 或 False），以利測試人員判斷該轉換是否能發生。

表 4.2.6　狀態轉換標記語法

狀態轉換標記語法	範例
約束條件與動作同時存在	插入提款卡 [卡片有效] / 顯示「請輸入密碼」
無約束條件	按取消鍵 / 顯示「取消交易並退出卡片」
無動作	密碼輸入錯誤 [錯誤次數未達上限] /
約束條件與動作同時不存在	插入提款卡

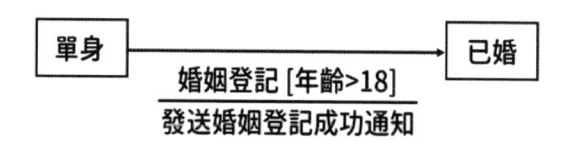

```
    單身  ──────────────────▶  已婚
         婚姻登記 [年齡>18]
         ─────────────────
         發送婚姻登記成功通知
```

圖 4.2.2 　狀態圖的五種元素

狀態表（State Table）是狀態圖的等價模型，提供另一種直觀呈現系統狀態轉換的方式。在狀態表中，列（Row）代表系統所處的各個可能狀態，欄（Column）則代表可能觸發轉換的事件（若有相關的約束條件，也可一併在此標示）。狀態轉換的具體資訊則清晰記錄於表格內的對應單元格（Cell）中，明確標示事件發生後系統將轉換至的目標狀態及可能伴隨產生的動作。表 4.2.7 展示一個包含三個狀態與三個事件的狀態表範例。在該表中，當某組狀態與事件間不存在有效轉換關係時，對應欄位會明確標示為「-」，使表格更易於閱讀與理解。例如，當系統處於狀態 1 並遇到事件 1 時，會轉換至「狀態 2」並執行「動作 A」；而當系統處於狀態 3 並遇到事件 3 時，則會轉換至「狀態 2」但無伴隨動作，因此以「狀態 2/-」表示。

表 4.2.7 　狀態表

狀態＼事件	事件 1	事件 2	事件 3
狀態 1	狀態 2 / 動作 A	-	-
狀態 2	-	狀態 3 / 動作 B	狀態 1 / 動作 C
狀態 3	-	狀態 2 / 動作 D	狀態 2 / -

若測試需要涵蓋無效轉換（Invalid Transitions），則建議採用狀態表，因為狀態表能明確且全面呈現系統中所有可能的有效與無效轉換。在狀態表中，無效轉換通常會在表格中以「-」符號明確標示。讓測試人員直覺識別出哪些狀態與事件組合是系統設計中所不允許發生的，從而針對性設計測試案例來驗證系統是否能正確處理這些無效轉換請求，例如產生適當的錯誤訊息或維持在當前狀態不變。

測試案例是基於上述介紹的狀態圖或狀態表所設計。測試案例由一連串的事件組成（例如：登入 → 提款 → 登出），這些事件通常會觸發系統狀態的變化（例如：未登入 → 已登入 → 已登出），並在必要時執行對應動作（例如：顯示特定訊息或更新資料庫）。因此，一個測試案例可能涵蓋多個狀態轉換，甚至跨越多個狀態。測試人員可以根據測試需求選擇適當的測試覆蓋標準，以確保系統行為符合預期並進行完整測試。

不同於其他黑箱測試技術，狀態轉換測試允許測試人員根據專案需求彈性選擇不同的測試覆蓋標準，以適應各種測試目標。以下將介紹 CTFL Syllabus 所涵蓋的三種覆蓋項目（所有狀態覆蓋、有效轉換覆蓋與所有轉換覆蓋），而在進階的 CTAL-TA Syllabus 中則提供更多額外的覆蓋項目可供思考。

所有狀態覆蓋（All States Coverage）的測試目標是確保測試案例涵蓋系統中所有可能的狀態。當所有狀態覆蓋達到 100% 時，代表測試案例已經成功訪問（或經過）系統中每一個定義的狀態至少一次。例如，在一個銀行系統中，系統可能包括「登入」、「交易」、「登出」等多個關鍵狀態。若達到 100% 所有狀態覆蓋，則代表這些狀態都已經至少被測試案例所訪問過一次，但並未保證所有可能轉換（例如從登入直接到登出，或經過多個交易再登出）皆已涵蓋。所有狀態覆蓋的計算公式如下：

$$所有狀態覆蓋率 = \frac{測試案例涵蓋的狀態數量}{所有狀態數量} \times 100\%$$

所有狀態覆蓋只有確保每個狀態至少執行一次，而不測試狀態間的轉換關係，因此測試強度相對較低，但正因如此，這種覆蓋標準也較容易達成，特別適合於資源有限或測試時間緊迫的情況。

有效轉換覆蓋（Valid Transitions Coverage），又稱 0-switch 覆蓋（0-switch coverage），其測試核心目標是確保測試案例能完整涵蓋系統中所有有效的狀態

轉換（valid transitions）。有效轉換指的是在系統定義的狀態轉換模型（例如狀態轉換圖或狀態表）中明確允許發生的轉換關係。當達到 100% 的有效轉換覆蓋率時，意味著系統中所有明確定義的有效狀態轉換至少都被測試案例觸發並執行過一次，有效轉換覆蓋的計算公式如下：

$$有效轉換覆蓋率 = \frac{測試案例涵蓋的有效轉換數量}{有效轉換數量} \times 100\%$$

有效轉換覆蓋的測試強度明顯高於所有狀態覆蓋，因為它不僅要求測試涵蓋所有獨立狀態，更進一步要求測試所有允許的狀態間轉換關係。這種更全面的測試方法能夠更有效地驗證系統在不同狀態間轉換的行為是否符合預期。然而，需要特別注意的是，即使達成 100% 的有效轉換覆蓋，並不表示系統中所有可能的狀態轉換組合路徑都已被測試過。在測試關鍵系統時，可能需要考慮採用更高強度的測試標準（例如 N-switch coverage）來補足這一不足，以確保系統在複雜狀態轉換序列中的穩定性和正確性。

所有轉換覆蓋（All Transitions Coverage）的測試目標是確保測試案例全面涵蓋系統中所有可能的狀態轉換，包括兩大類型：

- **有效轉換**（Valid Transitions）：狀態轉換模型中明確允許發生的轉換路徑。
- **無效轉換**（Invalid Transitions）：狀態轉換模型中未定義的轉換，主要用於測試系統對錯誤情境或無效輸入的應對能力。

當所有轉換覆蓋率達到 100% 時，意味著測試案例不僅完整測試所有明確定義的有效狀態轉換，還包含對無效轉換的測試，全面驗證系統能否正確處理非法或意外的狀態轉換請求（例如，透過產生適當的錯誤訊息或執行預設的錯誤處理程序），所有轉換覆蓋的計算公式如下：

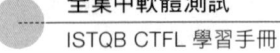

$$所有轉換覆蓋率 = \frac{測試案例涵蓋的所有轉換數量}{所有（有效與無效）轉換數量} \times 100\%$$

所有轉換覆蓋具有較高的測試強度，特別適用於安全關鍵系統（Safety-Critical Systems）與高可靠性系統（Mission-Critical Systems），因為它能確保系統在所有正常與異常情境下均具備可預期的行為，同時有效降低系統在面對意外狀態轉換時發生嚴重錯誤或故障的風險。由於所有轉換覆蓋同時包含所有有效轉換與所有可能狀態，因此，當達成 100% 的所有轉換覆蓋時，必然也同時達成 100% 的所有狀態覆蓋和 100% 的有效轉換覆蓋，提供最全面的系統行為驗證。

測試案例設計通常分為兩種主要策略：最小化（Minimization）與一對一（One-to-One）。最小化策略旨在使用最少的測試案例數量來達成既定測試目標，通常應用於「有效轉換」的測試場景，以便提高測試效率。相較之下，一對一策略主要用於「無效轉換」的測試，其思維是每個測試案例僅專注測試單一無效轉換情境。採用一對一策略的主要優勢在於能有效避免「缺陷掩蓋」（Defect Masking），確保每個潛在錯誤都能被獨立偵測出來，防止一個系統缺陷掩蓋另一個缺陷的情況發生，導致部分問題未被及時發現與修復。

最後，我們以表 4.2.7 狀態表來說明三種測試覆蓋準則（所有狀態覆蓋、有效轉換覆蓋、所有轉換覆蓋）的計算方式。

- **所有狀態覆蓋**：在 4.2.7 狀態表中，共有 3 個狀態（狀態 1、狀態 2、狀態 3），因此測試覆蓋項目為 3。只要測試案例能夠經歷這 3 個狀態，即達到 100% 所有狀態覆蓋率。

- **有效轉換覆蓋**：有效轉換覆蓋關注的是所有有效轉換數量，根據 4.2.7 狀態表中的單元格，總共有 5 個有效轉換。若測試案例能夠涵蓋所有 5 個有效轉換，即達到 100% 有效轉換覆蓋率。

- **所有轉換覆蓋**：所有轉換覆蓋考慮有效轉換與無效轉換。根據 4.2.7 狀態表，無效轉換的數量為 4 個，而有效轉換數量為 5 個，因此總共需要涵蓋 9 個轉換項目（有效 + 無效）。當測試案例能夠涵蓋所有 9 個轉換，即達成 100% 所有轉換覆蓋率。

4.3 白箱測試技術

本章介紹兩種常見的白箱測試技術（敘述測試與分支測試），並闡述白箱測試在測試流程中的價值與應用原則。敘述測試適用於基礎邏輯驗證與程式流程的入門學習。分支測試的覆蓋標準較敘述測試更為嚴格，能顯著提升缺陷偵測率。透過實例分析與流程圖輔助說明，本章將闡述這兩種技術的設計方法以及測試覆蓋率的計算方式，並探討白箱測試在程式碼品質管理、單元測試及自動化驗證中的應用價值。透過本章學習，讀者將能深入掌握白箱測試設計的核心原則，增強程式邏輯驗證的深度與準確性，為後續測試活動奠定堅實基礎。

學習目標	難度	內容
FL-4.3.1	K2	解釋敘述測試
FL-4.3.2	K2	解釋分支測試
FL-4.3.3	K2	解釋白箱測試的價值

4.3.1 敘述測試與敘述覆蓋率

敘述測試（Statement Testing）的前提假設：如果程式中存在缺陷，則必定出現在某個可執行的敘述中。因此，敘述測試旨在設計測試案例，使程式碼中的敘述被全面執行，直到達到可接受的覆蓋率（例如 100%）。

可執行敘述（executable statements）是指程式碼中能夠實際執行並可能改變程式狀態的指令，例如修改變數（例如 x = 10）、呼叫函式（例如 print("Hello World")）或執行控制流程（例如 if、while、for 等）。相較之下，空白行（僅增進可讀性）與註解（例如 # This is a comment）不被視為可執行敘述，因為它們不會對程式執行產生任何影響。表 4.3.1 針對下述 9 行程式碼提供可執行敘述的詳細分析。

```
1   # 這是一個註解
2
3   x = 5
4   y = 3
5   z = abs(x - y)
6
7   if x > 1:
8       z *= 2
9   print(z)
```

表 4.3.1　可執行敘述分析

行號	程式碼	可執行敘述	原因
1	# 這是一個註解		註解，不執行
2	空白行		空白行，不執行
3	x = 5	○	變數賦值，影響程式狀態
4	y = 3	○	變數賦值，影響程式狀態
5	z = abs (x - y)	○	變數計算與賦值，影響程式狀態
6	空白行		空白行，不執行
7	if x > 1:	○	條件判斷影響程式執行流程
8	z *= 2	○	變數計算與賦值，影響程式狀態
9	print (z)	○	影響輸出，執行 print()

利用敘述測試所產生的覆蓋率稱為敘述覆蓋率（Statement Coverage），其計算公式如下：

$$敘述覆蓋率 = \frac{測試案例涵蓋的可執行敘述數量}{所有可執行敘述數量} \times 100\%$$

當敘述覆蓋率達到 100% 時，代表程式中每個可執行敘述至少已被執行一次。這意味著如果某個敘述含有缺陷，該敘述必定會被觸發，可能導致系統失效，從而揭露缺陷的存在。

敘述測試雖然簡單直接，卻十分有效，它確保程式碼沒有未執行的部分，為基本程式品質提供保障。現今的測試工具也能便捷地計算敘述覆蓋率，使其易於實施。不過，敘述測試被視為白箱測試中最基本且效果較弱的技術，具備明顯限制。以下透過兩個具體例子，說明其可能遺漏缺陷的情境與不足之處。

達到 100% 敘述測試覆蓋率並不保證能檢測出所有缺陷，因為某些缺陷只有在特定資料條件下才會顯現（例如當分母為 0 時才會發生「ZeroDivisionError」）。即使所有可執行敘述都已被執行，若測試案例未包含此關鍵情境，缺陷仍可能潛伏不被發現。例如針對以下程式碼，使用 a = 10, b = 2 或 a = 8, b = 4 作為測試案例都能達到 100% 敘述覆蓋率，但實際上該程式碼存在除以零的風險；只有當使用 a = 5, b = 0 進行測試時，才能揭露出 ZeroDivisionError 的潛在問題。

```
1    a = int(input())
2    b = int(input())
3    result = a / b    # 當 b = 0 時，會發生 ZeroDivisionError
4    print(result)     # 輸出結果
```

達到 100% 敘述測試覆蓋率可能仍不足以發現所有邏輯錯誤，因為即使所有敘述都被執行過，某些關鍵的決策邏輯（如 if-else 條件分支）可能未被完整測試。圖 4.3.1 展示某段程式碼及其流程圖，使用 x = 10, y = 5 即可達到 100% 敘述覆蓋率，但細心的讀者可以發現，決策條件「diff<0」的情境完全未被測試

到，這意味著與該條件相關的潛在錯誤可能仍然潛伏在程式中而未被發現。

```
1  x = int(input())
2  y = int(input())
3  diff = x - y
4  if diff > 0:
5     print(diff)
```

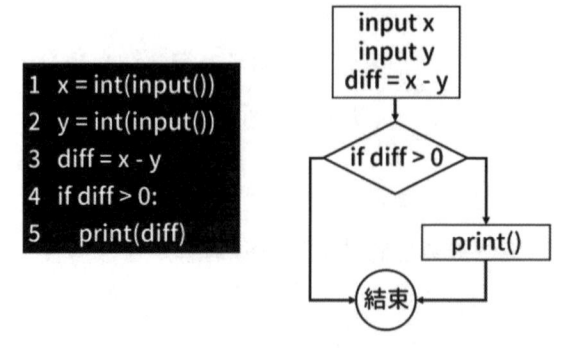

圖 4.3.1　可能不足以發現邏輯錯誤

因此，雖然敘述測試能確保所有程式敘述至少執行一次，但為了更全面地檢測潛在缺陷，測試人員應考慮分支測試（Branch Testing）或其他更強大的測試技術，以提高測試的完整性和有效性，從而更徹底地驗證軟體品質。

4.3.2　分支測試與分支覆蓋率

分支測試（Branch Testing）的前提假設：程式中的缺陷可能會影響控制流程（Control Flow），導致錯誤的程式路徑被執行。因此，分支測試的目標是設計測試案例，確保程式碼中的所有分支都被執行到，直到達成可接受的覆蓋率（例如 100%）。

分支（Branch）是指控制流程圖（Control Flow Graph）中兩個節點間的控制轉移，顯示受測程式碼可能的執行順序。控制轉移主要分為兩種類型：

- **無條件轉移（Unconditional Transfer）**：指直線執行的程式碼，沒有條件判斷，例如簡單的循序敘述。
- **條件轉移（Conditional Transfer）**：基於決策結果的執行分支，例如 IF-THEN、SWITCH-CASE、DO-WHILE 或 FOR 迴圈。

用下面 5 行程式碼作為例子：第一行 x = int（input()）執行完後，程式會直接執行第二行 y = int（input()），沒有任何條件限制。這種順序執行的控制轉移稱為「無條件轉移」，即執行完 A 後，必然執行 B。

然而，當程式執行到 if diff > 0: 時，會出現兩種可能的轉移路徑：

- 若條件成立（diff > 0）→ 執行 print（diff）
- 若條件不成立（diff <= 0）→ 跳過 print（diff），直接結束程式

因為 if 條件判斷會根據 diff 的值決定是否執行 print（diff），這種轉移方式就是「條件轉移」（Conditional Transfer）。

```
1    x = int(input())
2    y = int(input())
3    diff = x - y
4    if diff > 0:
5       print(diff)
```

圖 4.3.2 進一步展示上述程式碼的流程圖與控制流程圖。你應該可以觀察到，流程圖能更清晰地呈現程式碼執行的先後順序與邏輯關係，而控制流程圖則更專注於突顯各節點間的控制轉移關係，幫助測試人員更容易識別測試所需覆蓋的分支路徑。

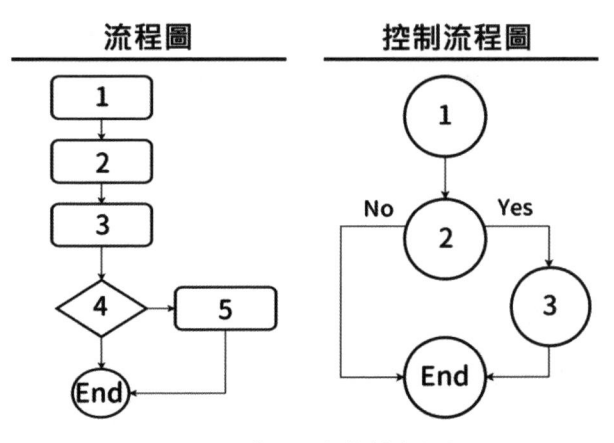

圖 4.3.2 流程圖與控制流程圖

利用分支測試所產生的覆蓋率即稱之分支覆蓋率（Branch Coverage），其公式如下表示：

$$\text{分支覆蓋率} = \frac{\text{測試案例涵蓋的分支數量}}{\text{所有分支數量}} \times 100\%$$

當分支覆蓋率達到 100% 時，意味程式中所有分支（無論是無條件還是有條件的）至少已被執行一次。很明顯分支覆蓋率比敘述覆蓋率更完整，因為它不僅確保程式碼中的每個可執行敘述都被執行過，還要求所有決策條件的每個可能結果（例如 if 的 True 和 False 分支）都被充分測試。分支測試能有效幫助識別未執行的程式碼，有效降低死碼（Dead Code）出現的風險，此類測試技術尤適用於高風險領域（對測試完整性有嚴格要求），典型應用如金融交易系統、安全性關鍵軟體及醫療相關系統等。

100% 分支覆蓋率並不保證能發現所有潛在缺陷。即使測試案例已覆蓋所有分支，仍可能遺漏某些關鍵缺陷，這是因為某些特定錯誤可能只有在執行特定路徑或使用特定資料值時才會被觸發。分支測試僅確保每個分支至少被執行一次，但無法保證所有可能的執行路徑組合都被測試到。

以下面 9 行程式碼為例，使用兩組測試資料（x = 51, y = 51）與（x = -6, y = -8）即可覆蓋全部 6 個分支，達到 100% 分支覆蓋率。然而，第九行的 result = 100 / (x - 50) 存在潛在的 ZeroDivisionError，這個缺陷只有當 x = 50 時才會顯現。因此，即使這兩組測試案例已達到 100% 分支覆蓋率，這個關鍵缺陷仍可能未被發現。

```
1    x = int(input())
2    y = int(input())
3    if x > 0:
4        print("X is positive")
5    if y > 0:
6        print("Y is positive")
7    if x + y > 100:
8        print("Sum is large")
9    result = 100 / (x - 50)
```

100% 分支覆蓋率的另一個局限性在於它無法確保複合條件中的每個條件變數都被單獨有效測試。以下面 4 行程式碼為例：若 A 為 True，則無論 B 是 True 或 False，「if A or B:」的條件判斷都會成立，程式必然會執行「print("Condition met")」。這意味在 A 為 True 的情況下，B 的值對整個判斷結果完全沒有影響，因此 B 的真實作用未被有效測試！解決這個問題的方法是採用分支條件測試技術（Branch Condition Testing）。這種測試技術會進一步細分並檢驗每個條件變數（A 和 B）的獨立影響，確保複合條件中的所有變數都被單獨測試到，從而避免忽略某些條件變數可能帶來的潛在問題。

```
1    A = True
2    B = False
3    if A or B:
4       print("Condition met")
```

圖 4.3.3 清楚呈現分支覆蓋率與敘述覆蓋率的重要關係。達到 100% 分支覆蓋率必然同時滿足 100% 敘述覆蓋率，這意味若測試案例成功達到完整的分支覆蓋，則所有程式碼也必然被執行過。但反之則不成立，即使測試已達到 100% 敘述覆蓋率，程式中仍可能存在某些分支路徑尚未被執行，導致測試未能發現某些潛在缺陷。

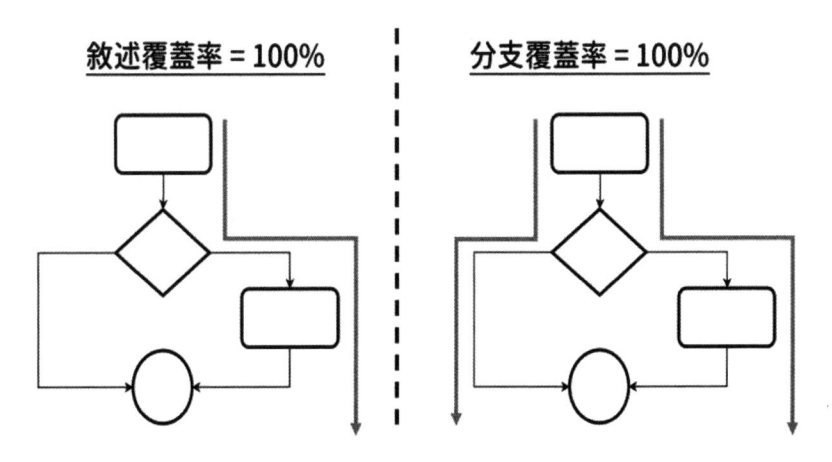

圖 4.3.3　流程圖與控制流程圖

4.3.3 白箱測試技術的價值

白箱測試技術的主要優勢在於它是直接依據程式碼實作進行測試,檢查的是系統實際實作而非僅依賴文件規範,因此即使軟體規範模糊、過時或不完整,白箱測試仍能有效發現缺陷;然而,其限制是無法檢測「未實作」的需求,由於它只測試已存在的程式碼,而不會與需求規範進行比對,所以當某個功能完全未被開發時,白箱測試無法檢測這類「遺漏性缺陷」(Defects of Omission)。

假設有一個函式 calculate_discount,其需求是:當會員等級為「白金級」時,購物金額享有 20% 折扣;當會員等級為「黃金級」時,購物金額享有 10% 折扣;其餘會員等級則無折扣。圖 4.3.4 顯示程式碼及相關測試案例,其中開發人員直接遺漏實作「白金級」會員的折扣邏輯需求。即使開發人員根據這段有缺陷的程式碼設計的測試案例達到 100% 敘述覆蓋率,仍然無法發現這種。這明確說明白箱測試面對需求遺漏時的局限性──它僅能測試現有程式碼,而無法透過比對需求規範來檢測那些應有但缺少的功能。

```
def calculate_discount(member_level, purchase_amount):
    if member_level == 'Gold':
        return purchase_amount * 0.9  # 黃金會員享有 10% 折扣
    else:
        return purchase_amount  # 其它會員無折扣
```

```
def test_calculate_discount():
    assert calculate_discount('Gold', 100) == 90      # 測試黃金會員的折扣
    assert calculate_discount('Regular', 100) == 100  # 測試其它會員無折扣
```

圖 4.3.4　未實作的功能缺陷

白箱測試技術可應用於靜態測試，例如對程式碼進行空運行（Dry Run），即開發人員或測試人員逐行閱讀程式碼，模擬變數的變化與執行流程，以確保邏輯正確，而不實際執行程式碼。空運行也可以透過工具進行，例如使用 pylint 掃描程式碼，分析變數、流程控制與函式依賴性，以檢測潛在的邏輯錯誤。這種方法特別適合測試尚未準備執行的程式碼，例如虛擬碼（Pseudocode）或控制流程圖，有助於開發人員在程式執行前發現潛在問題。

　若僅執行黑箱測試，無法度量實際的程式碼覆蓋率，因為測試人員無法查看程式碼，只能根據輸入與輸出來驗證系統，無法確定哪些程式碼實際被執行。因此，即使某些程式碼從未被測試，黑箱測試仍可能通過，導致測試覆蓋率不足。相比之下，白箱測試可提供客觀的覆蓋率指標，幫助測試人員評估測試的完整性，並據此設計額外的測試案例，以提高覆蓋率，進而增強對程式碼品質的信心。

4.4　經驗導向的測試技術

　在傳統測試技術無法全面涵蓋或規格資訊不完整的情況下，經驗導向測試技術提供靈活且具實用性的補充策略。本章介紹三種常見的經驗導向測試技術——錯誤猜測、探索性測試與查核表測試，並詳細闡述其原理、應用情境以及各自的優點與缺點。透過本章學習，讀者將深入理解這三種技術的適用場景、設計思維與實務效益，並掌握如何將其與黑箱或白箱測試技術相結合，建構更靈活且全面的測試策略，以提升測試效率與品質。

學習目標	難度	內容
FL-4.4.1	K2	解釋錯誤猜測
FL-4.4.2	K2	解釋探索性測試
FL-4.4.3	K2	解釋查核表測試

4.4.1 錯誤猜測

錯誤猜測是一種測試技術，主要依靠測試人員的經驗與知識來預測可能出現的錯誤、缺陷及失效。測試人員的知識主要來自三個方面：

- **系統過往的運作情況**：例如在先前版本中，網路銀行的轉帳功能在交易金額超過 500,000 元時會發生交易無法提交且無適當錯誤訊息的問題。因此在測試新版本時，測試人員會特別輸入 500,001 元和 499,999 元來檢查問題是否解決，並驗證錯誤訊息的正確性。

- **開發者常犯的錯誤類型及其可能引發的缺陷**：例如開發人員經常忽略密碼欄位的輸入驗證，導致系統可能接受空白或長度過短密碼。針對這種情況，測試人員會特別測試：空白密碼登入、單字元密碼登入及貼上超長密碼等情境，以確保系統安全性和穩定性。

- **相似系統曾發生的失效**：例如其他網路銀行曾發生網路中斷造成交易狀態不明確的問題。借鏡他人經驗，測試人員會模擬交易過程中的網路中斷，或是交易完成後立即關閉瀏覽器等場景，以確認交易記錄的準確性和系統的穩定性。

表 4.4.1 列出與錯誤、缺陷和失效相關的主要因素，測試人員可在進行故障攻擊時參考這些因素，以設計合適的測試案例來驗證系統的穩定性與正確性。

表 4.4.1　與錯誤、缺陷和失效有關的因素

類型	範例
輸入	<ul><li>未接受正確輸入（例如輸入合法數值但系統拒絕）</li><li>錯誤的參數格式（例如日期格式錯誤 YYYY-DD-MM）</li><li>缺失必要參數（例如 API 呼叫時缺少 auth_token）</li></ul>
輸出	<ul><li>輸出格式錯誤（例如金額顯示 $1,000.00.00）</li><li>計算結果錯誤（例如例 10% 折扣應為 $90，但系統計算 $91）</li><li>輸出時機錯誤（例如報表未按時產出）</li></ul>

類型	範例
邏輯	• 遺漏某些情境（例如未考慮節假日匯款時間） • 錯誤運算子（例如 <= 應為 <） • 錯誤條件判斷（例如 if（age > 18）應為 if（age >= 18））
計算	• 錯誤的演算法（例如稅率計算錯誤） • 數學運算錯誤（例如 1.1 + 2.2 ≠ 3.3，浮點數誤差） • 未考慮四捨五入（例如 \$99.995 被截斷 \$99.99，應為 \$100.00）
介面	• API 參數不匹配（例如 POST /api/login 需要 username，但前端傳 user_id） • 類型不相容（例如 int 被當成 string 傳入） • UI 互動問題（按鈕點擊後無反應）
資料	• 變數初始化錯誤（例如變數 balance 未初始化，導致 null 錯誤） • 資料類型錯誤（例如日期應為 YYYY-MM-DD，但儲存為 MM/DD/YYYY） • 資料範圍錯誤（例如 age 儲存為 -5，但年齡不應為負數）

故障攻擊（Fault Attacks）是一種系統化的錯誤猜測技術，要求測試人員建立或收集潛在錯誤、缺陷和失效的清單，並根據清單中的每個項目設計測試案例，以驗證這些問題是否存在於受測系統中。這些清單可以基於經驗、歷史缺陷數據或常見的軟體失敗原因來建立。

與其他測試技術不同的是，故障攻擊並非專注於驗證系統的正常運作，而是刻意尋找系統的弱點和潛在問題。例如，傳統測試可能著重於驗證系統是否能正確處理合法輸入（例如使用正確的帳號密碼登入），而故障攻擊則會嘗試以各種可能導致問題的方式來挑戰系統的極限，例如輸入 1000 個字元的超長密碼來測試系統是否會崩潰。簡而言之，故障攻擊就像是在「挑戰系統」，透過已知的問題情境來測試系統的健壯性。

錯誤猜測主要依賴測試人員的經驗與直覺來進行，這使得測試的有效性會因人而異，不同的測試人員可能會發現不同的缺陷。此外，這種技術的測試覆蓋率難以保證和計算，因為測試項目總數（覆蓋率的分母）會隨測試人員的經驗

和判斷而變化，使得測試範圍無法標準化。因此，實務上通常不會單獨使用錯誤猜測，而是會搭配其它測試技術（例如邊界值分析與決策表測試等）來補強測試範圍，以便提高測試的完整性與可靠性。

4.4.2 探索性測試

在傳統測試方法（例如腳本測試）中，測試設計、測試執行和測試評估是有明顯區隔劃分，測試人員通常在測試執行前就撰寫詳細的測試案例，並利用測試腳本（Test Scripts）自動化執行測試。相較之下，探索性測試（Exploratory Testing）採取完全不同的思維：測試設計、執行和評估是同步進行的。測試人員不再依賴預先定義的測試腳本，而是根據測試過程中獲得的即時資訊動態調整測試方向和重點。例如，當測試人員發現某個功能異常時，能立即深入該區域，測試不同輸入條件與邊界情境，進一步探索該問題的影響範圍。探索性測試的核心目標是「學習受測物」，透過實際測試來即時理解系統行為、功能與可能缺陷，使「學習」與「測試」緊密地同步發生。

探索性測試由於不依賴預先撰寫的詳細測試腳本，常讓缺乏經驗的測試人員感到方向不明，容易在測試過程中迷失。因此探索性測試有時會使用基於測試階段（Session-Based Testing）的方法來結構化測試流程。這種方法著重於在有限時間內進行有針對性的測試，透過測試階段（Test Session）來管理測試過程並記錄測試結果。因此測試人員可以在保持探索性測試靈活性的同時，又能維持測試的邏輯性和追蹤性，圖 4.4.1 呈現該方法的四個關鍵元素。

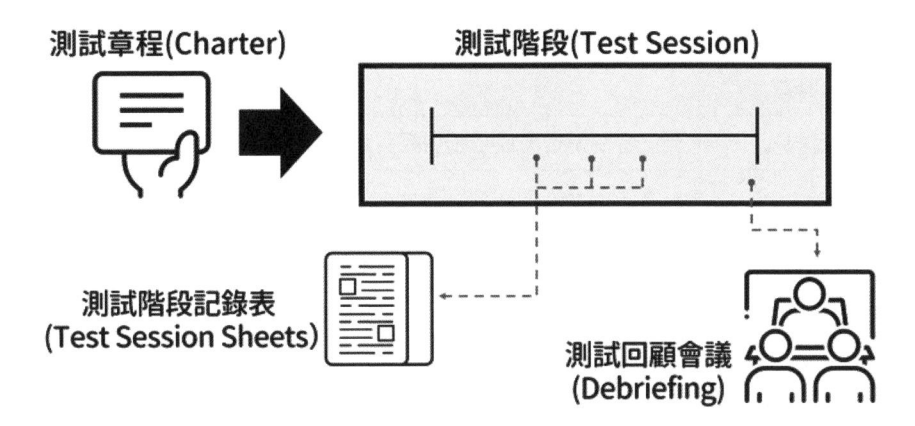

圖 4.4.1　基於測試階段的方法

　　測試章程（Test Charter）作為測試階段的指引，簡潔界定測試目標與範圍，引導測試人員有方向地進行探索。一次測試階段通常持續 60-120 分鐘，但時間長度僅為管理輔助，並非測試的核心本質。在這段專注的時間內，測試人員全神貫注於測試，不受電話、電子郵件、即時訊息等外部干擾的打擾。測試階段記錄表（Test Session Sheets）是測試人員在測試階段的重要產出，詳細記錄測試過程中的觀察、測試步驟、發現的缺陷及學習點，確保測試活動的可追蹤性。每一個測試階段結束後，測試人員會舉行測試回顧會議（Debriefing），與相關利害關係人討論測試結果，並共同決定下一次測試階段的重點方向。

　　表 4.4.2 以網路銀行為例，透過結構化測試章程引導探索性測試，讓測試人員能根據靈活調整測試方向，例如當發現異常手續費計算時，可立即深入探究不同轉帳金額的手續費計算一致性問題。圖 4.4.2 則展示 Elisabeth Hendrickson 在《Explore It!: Reduce Risk and Increase Confidence with Exploratory Testing》一書中提出的簡潔版本，其核心理念確保測試人員在探索性測試過程中保持專注於預定目標，同時又保留足夠彈性以應對測試過程中出現的新發現，有效平衡測試的系統性與靈活性，使探索性測試既有方向性又不失創造性。

表 4.4.2 結構化測試章程：網路銀行

參與者	一般銀行客戶
目的	測試客戶是否能成功透過網路銀行執行轉帳交易
前置條件	<ul><li>客戶已登入網路銀行系統</li><li>目標銀行帳戶已設定為收款人</li><li>客戶帳戶內有足夠餘額</li></ul>
優先性	高（因涉及金流，風險較高）
參考資料	使用者故事：作為一名客戶，我希望能夠從我的帳戶轉帳至其它帳戶
測試資料	<ul><li>轉帳金額：100、1,000、10,000 元</li><li>貨幣類型：TWD、USD</li><li>轉帳對象：同銀行帳戶／跨行帳戶</li></ul>
測試活動	<ul><li>成功執行轉帳（輸入正確帳號與金額）</li><li>測試未完成轉帳（例如輸入錯誤帳號、餘額不足）</li><li>測試不同轉帳方式（即時轉帳／預約轉帳）</li><li>測試手續費計算是否正確</li></ul>
正確準則	<ul><li>轉帳成功後，餘額應減少，收款帳戶應增加相應金額</li><li>手續費計算符合銀行公告標準</li><li>轉帳紀錄正確顯示於交易明細</li></ul>
變異（替代性的操作與評估方式）	<ul><li>測試跨行轉帳手續費計算是否正確</li><li>測試超過單日轉帳上限的行為</li><li>測試客戶於非營業時間進行轉帳的結果（即時 vs. 預約轉帳）</li><li>測試瀏覽器或行動裝置不同（Chrome、Safari、手機 App）的行為</li></ul>

Explore	<target>
With	<resource>
To discover	<information>

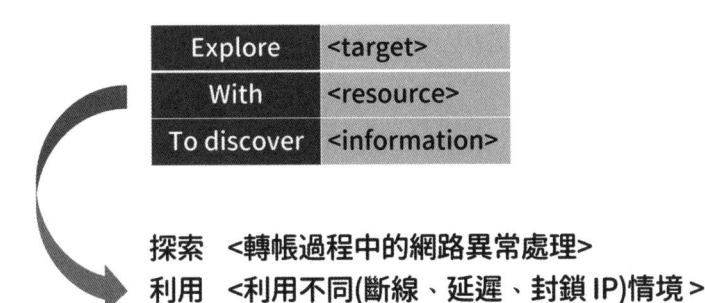

探索　<轉帳過程中的網路異常處理>
利用　<利用不同(斷線、延遲、封鎖 IP)情境 >
以便　<確認系統能夠正確處理交易恢復與錯誤訊息>

圖 4.4.2　測試章程（簡潔版本）

當開發時程緊迫、測試規格尚未完整撰寫，且需求文件不足時，測試團隊無法依賴詳細測試案例來執行測試，此時探索性測試特別有用。以電商網站年度「雙 11 購物節」為例，若「限時優惠券」功能開發進度落後，測試團隊僅有 2 天測試時間就必須上線，探索性測試便成為關鍵解決方案。在此情境下，測試人員可透過探索性測試模擬各種購物情境（單次使用、疊加使用、超過折扣限制、多人同時兌換等），並在不同裝置（行動裝置或筆記型電腦等）與瀏覽器（Chrome、Safari、Edge 等）上執行測試，評估系統在多元複雜環境的適應性。測試過程中，若發現「部分使用者無法兌換優惠券」等異常狀況，測試人員能立即深入探究問題的影響範圍，例如：該問題是否僅發生於 Safari 瀏覽器？是否只影響特定用戶群（如 VIP 會員）？透過這種靈活的測試方式，測試人員能在有限時間內快速發掘潛在缺陷，確保系統在正式上線前足以應對各種使用情境，有效降低營運風險。

探索性測試可作為其他正式測試技術的有力補充。當測試人員具備豐富經驗、領域知識、分析能力與好奇心時，更能發掘傳統測試方法可能忽略的潛在問題。以電商平台的購物車功能測試為例，具備好奇心與創造力的測試人員可能會進行一系列非常規測試：在短時間內（約 1 秒）快速點擊「+」按鈕 50 次，觀察系統是否能正確處理高密集互動操作，並觀察是否出現介面崩潰或異常反應；嘗試在單一購物車中添加高達 500 種不同商品，檢測系統在極端情況

下的載入速度是否顯著降低，甚至可能影響整體平台效能；或在網路離線狀態下點擊「結帳」按鈕，評估系統對網路中斷情境的處理能力，避免產生錯誤訂單或出現交易未完成卻顯示成功等嚴重商業邏輯錯誤。上述測試方式能夠揭露在正式測試技術以外難發現的盲點，大幅提升產品的穩定性與可靠度。

探索性測試並不意味著完全不使用測試技術，相反地，經驗豐富的測試人員可以在探索性測試過程中，靈活應用正式測試技術（例如等價類劃分與狀態轉換測試等），以提高測試效率與覆蓋率。以優惠券折扣測試為例，測試人員能結合等價類劃分來探索系統，將「優惠券折扣金額」劃分為四個等價類別：無效折扣（例如負數、0、超過最大折扣金額）、小額折扣（例如1－9元）、中額折扣（例如10－50元）及高額折扣（例如51元以上，但仍在允許範圍內）。基於上述等價類別，測試人員可針對性嘗試各種不同折扣金額，深入觀察系統的處理機制，例如，系統是否能正確識別並拒絕無效折扣輸入？系統是否允許優惠券折扣與其他促銷活動同時疊加使用？透過這種結構化但仍保持靈活性的探索性測試方法，測試人員能夠在有限時間內最大化測試覆蓋率，更有效地發現潛在問題。

4.4.3 查核表測試

查核表測試是一種透過預先制定的查核表來進行手動測試的方法，其中的查核項目即為需要驗證的測試條件。查核表可以基於測試人員的經驗、對使用者需求的理解，以及對可能的軟體失效原因的認知來建立。在建立查核表時，應避免加入以下三類項目：

- **可自動化檢查的項目**：如果某個測試條件可以透過自動化測試工具執行（例如使用 Selenium 或 Cypress 進行 UI 自動化測試來驗證表單欄位的輸入檢查），就不適合放入查核表，因為這類測試更適合使用自動化工具來提高效率。

- 允入標準或允出標準：這些是屬於測試計畫的內容，而非具體的測試條件。例如「測試環境必須準備就緒」，上述允入標準應該出現在測試計畫中，而非查核表內，因為查核表的目的是指導測試的執行過程。

- 過於籠統的項目：查核表中的每個項目都應該具體且可執行。例如，不應該寫「確保系統安全」這樣籠統的項目，而應該具體到「驗證密碼輸入錯誤 5 次後帳戶是否會被鎖定」；同樣地，「檢查 UI 是否符合設計規範」應改為「檢查按鈕顏色是否符合品牌標準（HEX #007AFF）」這樣明確的描述。

查核項目應該以問題形式描述，並確保每個問題都能直接驗證特定功能或需求，例如「當使用者點擊結帳按鈕時，系統是否正確計算總金額？」或「登入頁面是否能在 2 秒內載入完成？」每個查核項目都應該是獨立且可直接檢查的，不應依賴其他測試條件，這樣測試人員才能直觀設計測試活動並驗證結果。同時，應避免使用模糊描述，例如「系統應該具有良好的使用者體驗」，因為這種描述難以判斷測試是否成功；應改為更具體的描述，例如「系統應符合 WCAG 2.1 AA 級標準，確保所有互動元件具有足夠的對比度，並支援鍵盤操作」，這樣能讓測試人員更有效驗證系統是否符合要求。

查核項目可以涵蓋不同的測試面向，主要包括以下四個方面：

- 需求（Requirements）：確認系統是否符合業務需求，例如「使用者是否可以透過社群媒體帳戶登入網路銀行？」或「是否允許使用者設定交易提醒通知？」以確保系統功能滿足使用者需求和業務目標。

- 圖形介面屬性（Graphical Interface Properties）：檢查 UI 設計是否符合標準，包括按鈕大小、顏色和字體等細節。如「轉帳頁面的『確認』按鈕是否符合設計規範（大小 44x44px、品牌藍 #0055AA、Arial 14pt）？」以及「轉帳表單是否具有正確的標籤和佈局（標籤 Arial 12pt、框線灰色 #CCCCCC、紅色錯誤訊息 #FF0000）？」確保介面符合可用性與品牌一致性要求。

- **品質特徵（Quality Characteristics）**：檢查非功能性需求（例如效能、安全性與可用性等面向）。舉例而言：登入後首頁是否能在 3 秒內載入（效能）、連續輸入錯誤密碼 5 次後系統是否會鎖定帳戶（安全性），確保系統整體品質符合標準。

- **其它測試條件（Other Test Conditions）**：根據專案特定需求所定義的測試標準，例如「網路不穩定時，是否提示使用者重新整理而非直接登出？」或「轉帳金額超過每日限額時，是否正確顯示錯誤訊息？」確保系統在各種情境下都能正常運作。

以下以尼爾森的可用性原則之一「系統狀態可視性」（Visibility of System Status）為例，說明如何將其應用於網路銀行的非功能性測試查核表：

- **查核項目一**：轉帳交易過程是否提供即時狀態回饋？

    測試步驟：

    1. 登入網路銀行並進入轉帳功能
    2. 輸入收款人帳號與轉帳金額，點擊確認轉帳
    3. 檢查是否顯示「交易處理中」的進度條或提示訊息
    4. 確認交易完成後是否顯示相應結果

    預期結果：處理過程應顯示進度條或動畫，不應出現空白等待；交易成功時顯示成功訊息，失敗時提供具體原因（例如「餘額不足，請存款後再試」）。

- **查核項目二**：交易成功後，系統是否顯示確認訊息與詳細資訊？

    測試步驟：

    1. 完成轉帳後檢查確認畫面
    2. 確認是否顯示完整交易明細

3. 檢查是否提供後續操作選項

預期結果：應顯示完整交易資訊（例如「已成功轉帳 $1,000 至 XXX-XXX-XXXX，交易時間：2024-02-25 14:30」），並提供「返回首頁」或「下載交易紀錄」等選項；交易失敗時則提供錯誤原因和解決方案。

查核表可進一步區分為高層級查核表（High-Level Checklist）與低層級查核表（Low-Level Checklist），以對應不同深度與細節的測試需求。

- **高層級查核表**：提供較為概括的測試項目，讓測試人員能靈活運用不同方法進行測試。例如，針對「登入失敗時，系統是否顯示明確的錯誤訊息？」這項查核項目，不同測試人員可能會採用不同方式測試，例如輸入錯誤密碼或嘗試使用已鎖定帳戶登入。這種靈活性雖然可能發現更多潛在問題，提高較完整的測試覆蓋，但由於測試方式不固定，可能導致不同測試人員的測試結果有所差異，降低測試的可重複性。

- **低層級查核表**：則提供更具體的測試內容，例如「當使用者在登入欄位輸入 256 個字元時，系統是否能正確處理？」這種明確且具體方式能確保不同測試人員執行時得到一致的結果，亦提高測試的可重複性，但可能會限制測試人員的發揮空間，導致某些潛在問題無法被發現，降低測試覆蓋範圍。

查核表需要定期維護以確保其有效性。隨著開發團隊經驗的累積，某些查核項目可能不再需要測試，因為開發人員已學會如何避免這些錯誤。同時，查核表應該能反映近期出現的高嚴重性缺陷，以預防類似問題再次發生。因此，測試團隊應定期檢視缺陷報告，適時新增相關查核項目，並移除已不再出現的問題。此外，過長的查核表也可能會影響測試效率，導致測試人員因檢查項目過多而忽略關鍵點，所以也應適時精簡不必要的測試項目，避免重複檢查已解決的問題。

4.5 協作導向的測試方法

本章闡述如何透過團隊協作，與開發人員及客戶代表共同撰寫使用者故事，並延伸定義可驗證的驗收標準，進而採用驗收測試驅動開發方式設計測試案例。使用者故事以其簡潔性與對話性，促進需求討論。驗收標準則進一步明確界定使用者故事在何種情況下可視為「完成」。在 ATDD 方法中，驗收標準將轉化為可執行的測試案例，使團隊在功能實作前即可明確驗證條件，進而提升測試的可追蹤性與自動化程度。透過本章的學習，讀者將深入理解如何在需求開發初期參與測試設計，並掌握以驗收標準為核心，驅動測試設計與交付高品質產品的實務方法。

學習目標	難度	內容
FL-4.5.1	K2	解釋如何與開發人員和客戶代表協作撰寫使用者故事
FL-4.5.2	K2	分類撰寫驗收標準的不同選項
FL-4.5.3	K3	使用驗收測試驅動開發設計測試案例

4.5.1 協作使用者故事撰寫

需求應以簡短且具可對話性的方式描述，以促進開發團隊與客戶間的溝通。使用者故事（User Story）代表一項對系統或軟體的使用者或購買者具有價值的功能，它提供一個簡潔的起點，描述某個使用者的目標或需求。使用者故事並不等於完整的需求規格，而是用來引發對需求的對話與澄清，讓團隊能透過互動逐步補足細節並達成共識。

使用者故事包含三個關鍵要素，統稱為「3C」：

- 卡片（**Card**）：描述使用者故事的媒介，可以是實體便利貼，也可以是線上白板工具（例如 Miro）中的虛擬卡片。卡片的目的在於促進對話，並

捕捉需求的本質與意圖。使用卡片的優點包括限制資訊量，使團隊專注於需求重點、具有視覺化特性，便於快速理解、防止想法隨時間流逝而消失以及增強團隊協作與交流。典型的卡片呈現方式是正面簡述使用者故事，背面列出驗收標準，形成清晰且具互動性的溝通工具。

- 對話（Conversation）：對話是解釋軟體使用方式的溝通過程，既可以是文件記錄，也可以是面對面討論。對話強調的是測試人員、開發人員與客戶代表間的多向觀點交流（非單向的資訊傳遞）。對話也是持續進行的互動過程（非一次性活動），這種將焦點從「撰寫需求文件」轉向「建立共同理解」的思維轉變能確保所有參與者對需求有一致的認知。

- 確認（Confirmation）：以「驗收標準」的形式呈現，通常記錄在使用者故事卡片的背面。其主要目的是用來確認使用者故事是否已完成，同時也是傳達與記錄需求細節的重要依據，其中包含對正常情境與異常情境的測試覆蓋。驗收標準通常被視為對話的延伸結果，反映團隊在協作討論後所建立的共同理解與共識，有助於確保需求被正確實作並具備可驗證性。更多關於驗收標準的詳細說明，請參考本書第 4.5.2 節。

以 3W 為思考起點是撰寫使用者故事的基本指引，有助於釐清需求的關鍵要素。所謂 3W，即是回答三個基本問題：Who（誰）──使用這個功能的人是誰？也就是使用者或利害關係人的「角色」；What（想做什麼）──使用者希望完成的「目標」或動作；Why（為什麼）──為什麼要這麼做？也就是達成目標所帶來的「價值」或動機。透過這三個面向，能幫助團隊更聚焦在使用者的真實需求上，並設計出真正有價值的功能。

我們可以用 Uber Eats 的「今晚，我想來點……」創意廣告作為例子說明。這系列廣告中有一段特別有趣：羽球選手戴資穎與陳漢典正在場上激戰時，戴資穎突然說出：「今晚，我想來點蝦仁蛋炒飯配番茄蛋花湯。」這句看似簡單的台詞，其實正好完美詮釋使用者故事的 3W 結構。

- **Who**（誰）：戴資穎（一位急需補充體力的選手）
- **What**（想做什麼）：立即點選「蝦仁蛋炒飯＋番茄蛋花湯」外送組合套餐
- **Why**（為什麼）：可以最快速補充能量，以便在羽毛球場上戰勝陳漢典！

建構在 3W 基礎結構上，正好對應到使用者故事常見的格式：「As ___（角色），I want to ___（目標），So that ___（動機／價值）」。

- **As**：表示使用者或利害關係人的角色（Who）
- **I want to**：描述該角色希望完成的動作或需求（What）
- **So that**：說明為什麼這個需求對他們來說有價值（Why）

這樣的結構有助於團隊理解需求背後的動機與情境，聚焦在真正對使用者有價值的功能上。就如同圖 4.5.1 所示，卡片的正面會呈現使用者故事，而卡片背面則是呈現驗收標準。

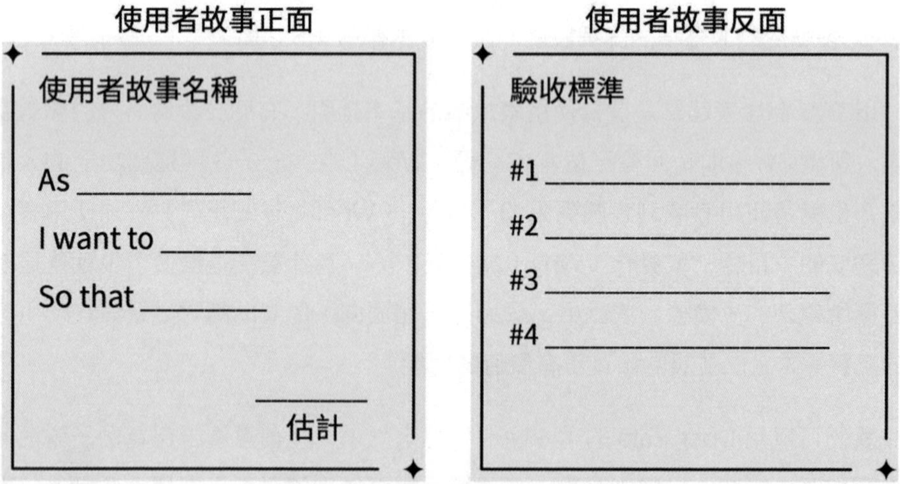

圖 4.5.1　使用者故事的正面與反面

在撰寫使用者故事時，團隊可以運用腦力激盪（Brainstorming）與心智圖（Mind Mapping）等協作技術，從不同角度共同探討與梳理需求以便整合來自業務（Business）、開發（Development）與測試（Testing）角色的觀點，建立對交付內容的共同願景（Shared Vision）。透過這種頻繁且非正式的協作與審查過程，能促進需求的透明化與共識形成，不僅提升需求品質，也有助於後續實作與驗收流程更加順利。

整合 3C（卡片、對話、確認）與 3W（Who、What、Why）架構後，使用者故事的撰寫不僅更具結構性，也能進一步套用 INVEST 原則來評估其品質（例如圖 4.5.2 所示）。這套原則由六個英文單字的首字母組成，是敏捷實務中度量使用者故事是否「可交付、可測試、可管理」的重要標準，也是實踐測試左移的關鍵方式之一。其內涵說明如下：

- I（**Independent**）：代表獨立，每個使用者故事應可獨立實作與交付，不依賴其他使用者故事運作。
- N（**Negotiable**）：代表可討論，使用者故事不是合約規格書，而是一個持續與利害關係人進行溝通與調整的起點，鼓勵協作與適應變更。
- V（**Valuable**）：代表有價值，實作後能為使用者或企業創造明確價值（例如改善使用體驗、提升效率，或支援商業目標）。
- E（**Estimable**）：代表可估算，能夠預估其實作所需的時間與資源，有助於進行排程、制定優先順序與風險控制。
- S（**Small**）：代表小而可控，故事粒度適中，便於理解、實作與驗證，避免過於龐大或模糊不清。
- T（**Testable**）：代表可測試，具備明確的驗收標準，可藉由測試驗證是否完成。

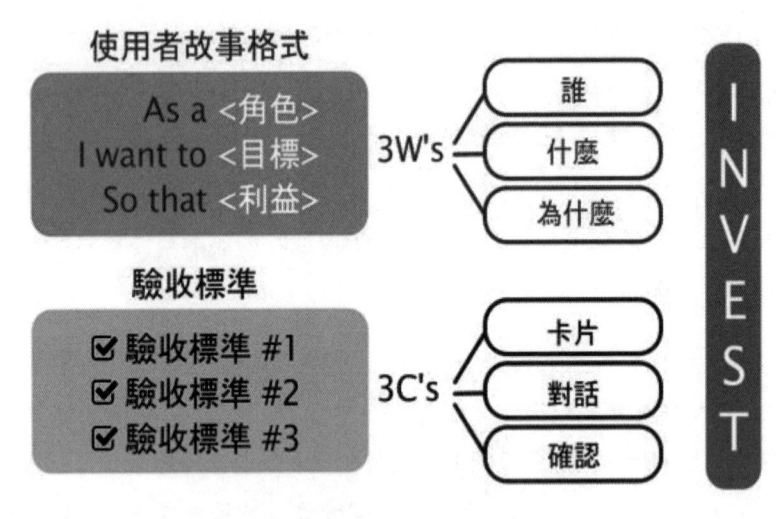

圖 4.5.2　INVEST 原則

　　如果某位利害關係人無法清楚說明如何測試某個使用者故事，這往往代表該使用者故事存在表達不清的問題、未真正反映出其所關心的價值，或是該利害關係人在測試設計上需要更多協助。例如，以下使用者故事：

身為一位線上書店的使用者

我希望系統能推薦我可能感興趣的書籍

以便我能更快速找到喜歡的作品

　　這段描述雖然符合基本的使用者故事格式，但其中的「感興趣」與「喜歡的作品」定義模糊，難以具體驗證，導致利害關係人無從判斷何時該故事可視為完成。因此，測試人員應主動介入，協助釐清預期行為並補充驗收標準，使其具體可測試性。舉例來說：

系統應根據使用者過去三筆購書紀錄

推薦五本同類型的書籍

並顯示於首頁推薦區

透過這樣具體明確的補充，不僅提升使用者故事的可測試性，也讓來自不同背景的利害關係人都能有共同的理解與驗證依據，進一步強化團隊協作與交付品質。

4.5.2 驗收標準

驗收標準（Acceptance Criteria）是利害關係人判斷某個使用者故事實作結果是否可被接受所依據的條件。由於驗收標準明確定義功能完成的依據與範圍，對測試人員而言，也可視為具體且可執行的測試條件，用來檢查並驗證使用者故事的完整性與交付品質。驗收標準通常是在使用者故事撰寫過程中的對話階段產生，透過利害關係人與開發團隊的協作討論，釐清需求細節並建立共同理解，展現敏捷開發中強調共識與可驗證性的核心精神。

驗收標準具備五種常見用途，以下利用一個使用者故事作為範例加以說明：

作為一位網路書店的會員，

我希望能在結帳時選擇使用折價券，

以便在購物時享有折扣優惠。

針對上面的使用者故事範例，驗收標準可發揮以下五項功能：

- **定義範疇**：幫助團隊清楚界定此使用者故事的邊界與完成條件。例如：是否必須在結帳頁面顯示折價券清單？系統是否需即時計算折扣金額？有助於避免功能實作過程中出現認知落差。
- **協助建立共識**：團隊可與利害關係人針對驗收標準內容進行討論，進一步釐清業務規則與期待行為（例如過期折價券的判定方式與處理機制），取得一致共識。

- **描述正向與負向情境**：良好的驗收標準須涵蓋功能的正常運作（正向情境），同時也考慮異常輸入或例外流程（負向情境），以便確保系統在各種情境下皆能穩定應對。

- **作為驗收測試的依據**：測試人員可依據驗收標準撰寫對應的測試案例與腳本，並據此進行驗證，甚至達到自動化驗收測試。

- **有助於規劃與估算**：明確的驗收標準有助於開發團隊掌握實作範圍，評估工作量、風險與技術複雜度，進而提升時程規劃的準確性與資源配置效率。

驗收標準並不存在單一或固定的撰寫格式，其中最常見的兩種格式為：

- **規則導向格式（Rule-Oriented Format）**：以條列式列出檢查項目，通常較為簡潔，適合用於描述明確的輸入與預期輸出關係。此格式表達直接、易於撰寫，有助於快速驗證，是許多團隊的首選。

- **情境導向格式（Scenario-Oriented Format）**：常採用行為驅動開發中的 Given / When / Then 結構，能夠清楚描述特定情境下的行為邏輯。此格式資訊完整，可直接轉換為測試案例，特別適用於需求複雜、情境多樣或風險較高的功能。

以「網路銀行即時轉帳」為例，假設其使用者故事為：

作為一位網路銀行使用者，

我希望能即時轉帳給他人，

以便快速完成資金移轉。

針對此使用者故事，我們可以採用規則導向驗收標準的方式來明確定義系統在不同情境下應具備的行為。以下為兩條相對應的驗收規則：

- **R1**：若使用者帳戶餘額大於或等於欲轉帳金額，則系統應完成該筆轉帳，顯示「轉帳成功」，並將該交易成功記錄於使用者的交易明細中。
- **R2**：若使用者帳戶餘額小於欲轉帳金額，則系統應顯示「帳戶餘額不足」，並拒絕該筆交易成立。

此外，讀者也可以直接看出，前述兩條規則分別對應於正向情境（R1）與負向情境（R2），R1 描述的是在餘額足夠的條件下，系統應完成轉帳的預期行為；而 R2 則是處理當餘額不足時，系統應如何正確阻擋交易的錯誤處理邏輯。為了明確驗證上述規則是否正確實作，表 4.5.1 彙整相對應的測試資料，其中 TC1 測試案例為正向情境，模擬使用者餘額足以支付轉帳金額的狀況；而 TC2 至 TC4 則分別模擬餘額不足的情境，對應負向情境，用以確認系統在各種異常輸入下，是否能提供正確的提示並避免交易錯誤執行。

表 4.5.1　規則導向驗收標準的測試資料

測試案例	餘額	轉帳金額	結果訊息	預期結果
TC1	5000	3000	「轉帳成功」	該筆交易應成功成立
TC2	1000	1500	「帳戶餘額不足」	該筆交易不應成立
TC3	800	1000	「帳戶餘額不足」	該筆交易不應成立
TC4	0	100	「帳戶餘額不足」	該筆交易不應成立

當然，相同的使用者故事也可以透過情境導向格式的驗收標準來表達，如圖 4.5.3 所示。此格式採用單一 Scenario Outline 並搭配 Examples 表格來呈現，有效描述在相同操作流程下，因輸入條件不同所導致的各種測試情境。在情境撰寫中，< > 內的文字可視為變數，這些變數的實際值位於下方的 Examples 表格內。透過這樣設計，測試人員可以進行多組資料驗證，以便確認系統在正常與異常情境下皆能產生正確且一致的回應。

在此範例中，Examples 表格的首筆資料對應於正向情境（餘額充足，成功轉帳），其餘三筆則為負向情境（餘額不足，轉帳失敗）。這種格式具備高度可讀性與邏輯結構清晰的特點，不僅有助於團隊間的需求溝通，也特別適合應用於驗收測試自動化工具（例如 Cucumber 或 SpecFlow），進一步提升測試效率與可維護性。

```
Feature: 網路銀行即時轉帳功能

Scenario Outline: 使用者轉帳
  Given 使用者帳戶餘額為$<餘額>元
  When 使用者嘗試轉帳$<轉帳金額>元
  Then 系統應顯示<結果訊息>
  And <預期結果>

Examples:
  | 餘額  | 轉帳金額 | 結果訊息     | 預期結果         |
  | 5000 | 3000    | 「轉帳成功」  | 該筆交易應成功成立 |
  | 1000 | 1500    | 「帳戶餘額不足」| 該筆交易不應成立  |
  | 800  | 1000    | 「帳戶餘額不足」| 該筆交易不應成立  |
  | 0    | 100     | 「帳戶餘額不足」| 該筆交易不應成立  |
```

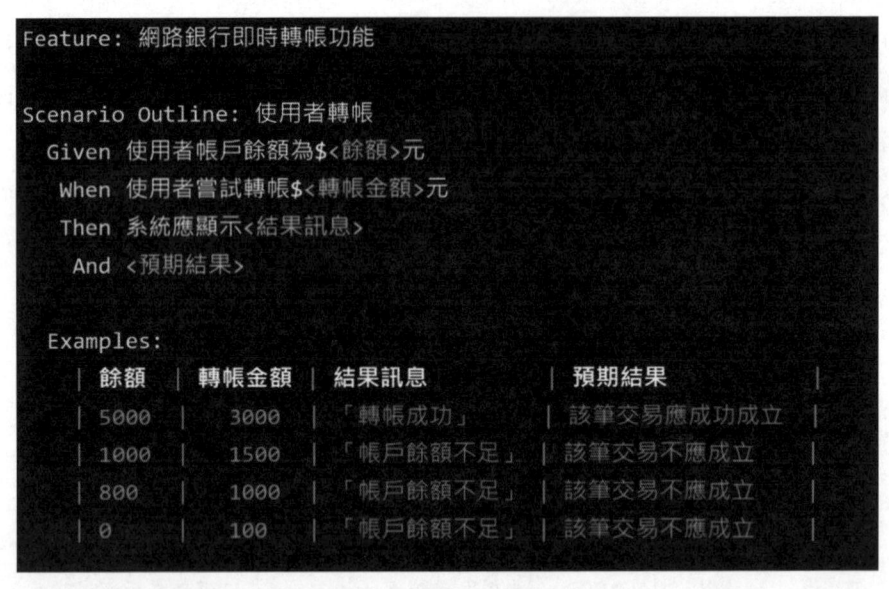

圖 4.5.3　情境導向格式驗收標準

　　團隊可根據實際需求的複雜度與自身成熟度，靈活選擇最合適的驗收標準撰寫方式。對於測試經驗尚淺的團隊而言，因尚未建立清晰的需求分析與測試撰寫分工，通常較傾向採用規則導向格式，以規則導向格式簡單列出驗收條件，避免驗收標準過度複雜，進而增加實作與測試的負擔。然而，當面對變化多且容易產生誤解的需求情境時，例如不同國家的使用者需依語系顯示對應條款，則更適合採用情境導向格式，以具結構性方式描述行為邏輯與系統反應，確保所有正常與異常情境皆能被覆蓋與驗證。

無論採用何種格式，驗收標準的品質關鍵在於是否具備清晰、可測試與可追蹤等核心特性。唯有在這些基礎上建立的驗收標準，才能真正發揮其實質價值。因此，即使採用更佳彈性的自由格式（Free Format），只要內容明確、不含歧義，並能與對應的使用者故事保持邏輯一致與雙向追蹤，也同樣是可接受的做法。重點不在於格式的形式，而在於其是否有助於團隊建立共識、引導實作、並支援後續測試與驗收流程。

4.5.3 驗收導向測試開發

驗收導向測試開發（Acceptance Test-Driven Development, ATDD）是一種以驗收測試為起點的測試先行開發方法。驗收導向測試開發強調在實作使用者故事之前，團隊成員（例如客戶、開發人員與測試人員）應先共同釐清需求，並根據討論結果建立驗收標準，以補充使用者故事中可能未詳述的行為情境或邊界條件。驗收測試案例則是根據這些驗收標準所衍生而來，可透過人工執行或導入自動化測試框架執行，作為判斷功能是否完成、是否符合接受條件的重要依據。透過這種方式，不僅有助於提升需求的明確性與團隊共識，也能強化產品的可測性與交付品質，是實現測試左移與品質內建的重要實踐方式。

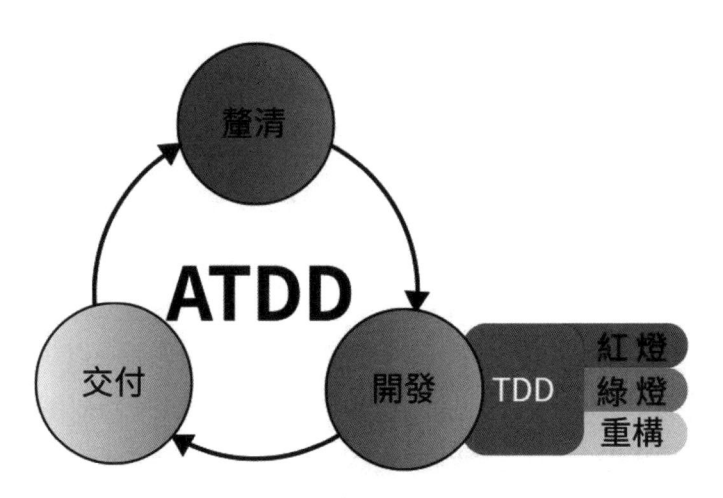

圖 4.5.4　驗收導向測試開發示意圖

驗收導向測試開發的起點是透過規範工作坊（Specification Workshop），由團隊成員共同分析、討論並撰寫使用者故事及其驗收標準。這樣的協作機制能避免由單一成員獨自撰寫規格時，無法充分運用團隊整體知識與經驗的侷限性。在此過程中，任何潛藏於使用者故事中的不完整、模糊、矛盾或其他潛在缺陷，都將有機會被發現並即時修正。此活動的最終目標，是建立團隊對需求的共同理解，藉此減少誤解，避免後續開發產生方向偏差，進而提升整體產品品質與交付效率。

完成討論後，團隊將使用者故事進一步轉化為具體的測試案例，這些案例需具備明確範圍並具可驗證性，通常會採用 Gherkin 格式（例如 Given / When / Then 結構）來書寫，作為後續開發與測試的依據。這些測試案例以驗收標準為依據，也可以視為系統運作方式的具體示例（Examples），藉此協助團隊正確實作該使用者故事。由於示例與測試本質相同，因此這兩個詞經常可以互換使用。在測試設計階段，可套用黑箱測試技術、白箱測試技術與經驗導向測試技術。

進入實作階段後，開發人員會依據先前所建立的驗收標準，以測試驅動開發方式進行開發，透過「撰寫測試 → 撰寫功能 → 重構程式碼」的循環流程，確保每段程式碼皆具備可驗證性。功能開發完成後，團隊會進行對外展示，由產品負責人依據驗收標準進行驗證。若驗收通過，該功能即視為完成；若未通過，則根據回饋進行調整與補強，並重新驗證後決定是否進入下一階段。

當驗收導向測試開發的測試案例是以利害關係人易於理解的方式撰寫時，能確保團隊成員無論其技術背景為何，都能充分掌握測試的邏輯與目的。每個測試案例應清楚列出必要的前置條件（若有）、輸入資料與預期的後置結果，以確保其具備良好的可重現性與可驗證性。在撰寫流程上，團隊通常會先撰寫正向測試案例（Positive Test Case），也就是在理想情境下，功能依照預期正常運作的流程。完成正向測試案例後，接著再撰寫負向測試案例（Negative Test

Cases），以模擬輸入錯誤、邏輯例外或系統限制等異常情況，從而驗證系統是否具備良好的防錯機制與錯誤回應能力。

以「網路賣家拍賣商品」為例，假設其使用者故事為：

作為一位賣家，

我想要建立拍賣品的描述資訊，

以便買家可以查看拍賣品的細部資訊。

基於測試案例必須涵蓋使用者故事的所有特徵，為了驗證該使用者故事是否被正確實作，測試人員預計規劃三個測試場景，分別涵蓋正向測試案例、負向測試案例，以及非功能性品質特徵。這些場景如表 4.5.2 所示。

表 4.5.2　三個測試場景

場景編號	測試案例性質	說明
1	正向測試	賣家輸入正確資訊後，系統應成功建立拍賣商品並顯示成功訊息。
2	負向測試	若賣家輸入的價格格式無效，系統應顯示錯誤訊息並阻止上架。
3	非功能性品質特徵	系統應於 3 秒內完成商品上架動作，並回應確認訊息。

圖 4.5.5 進一步對應表 4.5.2 所列的三個測試場景，並以 Gherkin 語法具體實現。

- **場景一（第 3–12 行）**：屬於正向測試，驗證當賣家輸入正確商品名稱、合理價格與描述時，系統能夠正確處理並成功建立拍賣商品。使用 Scenario Outline 搭配 Examples 表格，以「手機」與「書籍」作為測試資料，並驗證系統是否顯示「拍賣品已成功上架」的確認訊息。

- 場景二（第 14 – 23 行）：屬於負向測試，模擬當使用者輸入不合理價格（如負數或零）時，系統是否具備輸入驗證能力，能阻止拍賣品上架並提示錯誤訊息。這些條件對應於前述表 4.5.1 的第二筆測試案例，強調錯誤處理與資料驗證的重要性。

- 場景三（第 25 – 28 行）：屬於非功能性測試，測試是否能在「3 秒內」完成拍賣品描述的建立並顯示確認訊息，以驗證系統在正常操作下的效能效率。這對於使用者體驗與系統回應時間的設計至關重要，尤其是在電商平台這類需要快速回饋的應用場景中更顯關鍵。

```
1  Feature: 網路賣家拍賣功能
2
3  Scenario Outline: 賣家成功建立拍賣商品
4    Given 賣家已成功登入系統
5    When 賣家輸入<商品>、<價格>、<描述>
6    And 點擊「確認上架」按鈕
7    Then 系統應顯示<系統訊息>
8
9    Examples:
10     | 商品   | 價格  | 描述          | 系統訊息      |
11     | 手機   | 3000 | 九成新，附充電器 | 拍賣品已成功上架 |
12     | 舊書   | 1020 | 全新          | 拍賣品已成功上架 |
13
14  Scenario Outline: 拍賣商品因價格無效建立失敗
15    Given 賣家已成功登入系統
16    When 賣家輸入<商品>、<價格>、<描述>
17    And 點擊「確認上架」按鈕
18    Then 系統應顯示<錯誤訊息>
19
20    Examples:
21     | 商品 | 價格  | 拍賣   | 錯誤訊息      |
22     | 手機 | -100 | 九成新 | 價格不得為負數 |
23     | 書籍 | 0    | 全新   | 價格必須大於0 |
24
25  Scenario Outline: 拍賣商品描述建立流程應於3秒內完成
26    Given 賣家已登入並進入「新增拍賣品」頁面
27    When 賣家輸入完整資訊後點擊「確認上架」
28    Then 系統應在3秒內完成儲存並顯示「拍賣品已成功上架」訊息
```

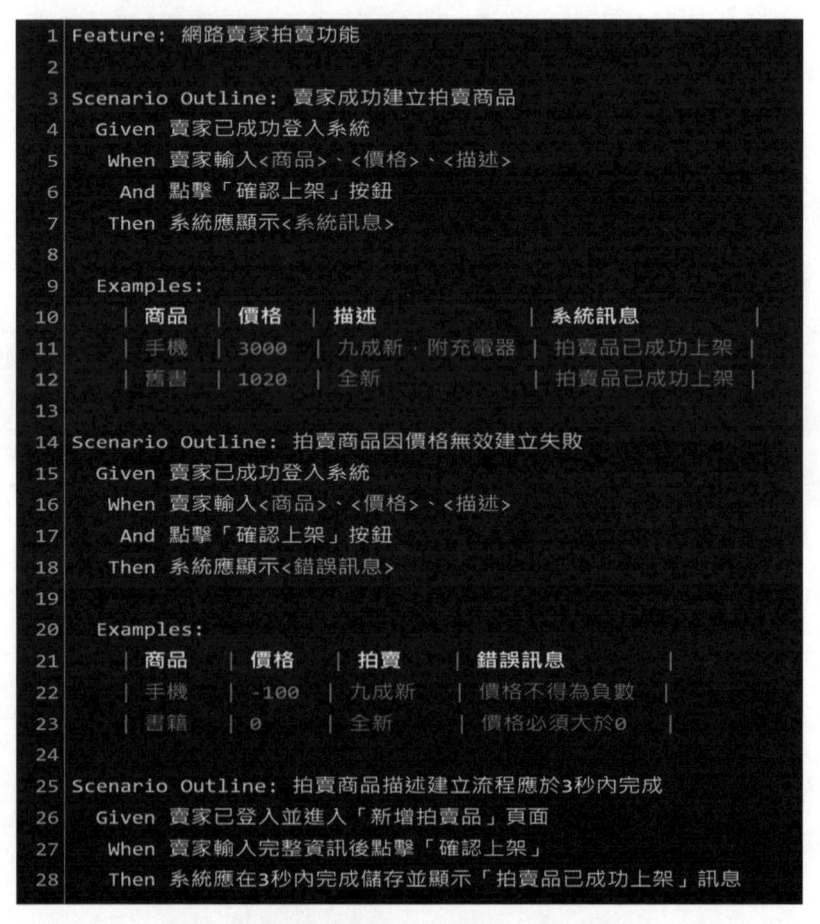

圖 4.5.5　網路賣家拍賣商品（Gherkin 語法）

測試案例以 Gherkin 格式撰寫，並符合測試自動化框架（例如 Cucumber、SpecFlow、Behave 等）的語法結構時，這些測試案例就不再只是手動檢查的依據，而是可以直接被執行的測試腳本，亦稱為「可執行的需求」（Executable Requirements）。只需確保每一個步驟對應的步驟定義（Step Definitions）已實作完成，自動化測試就能立即執行，驗證系統是否符合需求預期。這不僅促進測試左移，也將原本抽象的需求描述具體轉化為可驗證、可重複執行的自動化測試資產。這有助於確保實作結果與需求預期一致與降低人為誤解與測試遺漏風險。

Note

05

測試活動管理

5.1 測試規劃

5.2 風險管理

5.3 測試監督、測試控制與測試完成

5.4 構型管理

5.5 缺陷管理

測試活動管理是確保軟體品質與專案成功的關鍵，涵蓋測試規劃、風險管理、測試監督與控制、構型管理及缺陷管理等核心活動。本章將探討如何透過這些管理機制提升測試效率並降低專案風險。測試規劃確定測試範疇、策略與資源分配，確保測試活動符合專案需求；風險管理透過識別與評估風險，決定測試優先順序；測試監督、控制與完成確保測試進度受控，適時調整策略，並在測試完成後進行總結與改善。此外，構型管理與缺陷管理亦是不可或缺的輔助管理活動。本章將深入探討這些核心概念，幫助讀者建立完整的測試活動管理思維。

本章包含五個主題（涵蓋 15 個學習目標），這些內容組成 9 道考題的命題範圍。

- 測試規劃
- 風險管理
- 測試監督、控制與完成
- 構型管理
- 缺陷管理

K Level	學習目標	考題數量
K1	5.1.2 認識測試人員如何為迭代與發佈規劃貢獻價值 5.1.6 回想測試金字塔的概念 5.2.1 使用風險機率和風險影響來識別風險等級 5.3.1 回想測試度量指標	1
K2	5.1.1 舉例說明測試計畫的目的與內容 5.1.3 比較與對比允入標準與允出標準	

K Level	學習目標	考題數量
	5.1.7 總結測試象限及其與測試層次和測試類型的關係 *	
	5.2.2 區分專案風險和產品風險	
	5.2.3 解釋產品風險分析如何影響測試的全面性與測試範圍	
	5.2.4 解釋可以採取哪些措施應對產品風險分析後的結果	5
	5.3.2 總結測試報告的目的、內容和受眾	
	5.3.3 舉例說明如何傳達測試狀態	
	5.4.1 總結構型管理如何支援測試 *	
K3	5.1.4 使用估算技術計算所需的測試工作量 *	
	5.1.5 應用測試案例的優先級排序 *	3
	5.5.1 準備缺陷報告 *	

* 必考一題

5.1 測試規劃

　　測試規劃是確保軟體品質的關鍵環節，不僅要定義測試活動的範疇與目標，還需考慮測試策略與資源分配。為了實現有效的測試規劃，測試人員必須掌握允入與允出標準，以確保測試階段的啟動與結束都有明確依據，同時透過測試度量指標來追蹤進度與評估成效。在規劃過程中，測試人員應善用估算技術來預測工作量，確保資源得到合理分配，並依據優先順序安排測試案例，以便優先聚焦最關鍵功能。此外，測試人員可運用測試金字塔與測試象限等工具來分析測試類型與層級，確保測試策略能全面覆蓋並有效支援專案的交付目標。本章將深入探討這些核心概念，協助讀者建立完整的測試規劃思維，進而提升測試管理與決策能力。

學習目標	K Level	內容
FL-5.1.1	K2	舉例說明測試計畫的目的與內容
FL-5.1.2	K1	認識測試人員如何為迭代與發佈規劃貢獻價值
FL-5.1.3	K2	比較與對比允入標準與允出標準
FL-5.1.4	K3	使用估算技術計算所需的測試工作量
FL-5.1.5	K3	應用測試案例的優先級排序
FL-5.1.6	K1	回憶測試金字塔的概念
FL-5.1.7	K2	總結測試象限及其與測試層次和測試類型的關係

5.1.1 測試計畫

「計畫趕不上變化」是一句常見的諺語，但這並不代表我們不需要制定計畫。相反地，有了計畫才能讓我們清楚瞭解實際執行與規劃間的差異，並掌握達成目標的進度，若沒有計畫，失敗可能在毫無預警的情況下發生。因此，規劃是任何重要活動成功的關鍵，測試活動也不例外。測試規劃（Test Planning）需要整個團隊共同參與，且因為專案在生命週期中會不斷變更，所以測試規劃也是一項持續性的活動。

在測試規劃過程中，測試人員需要提前識別與應對以下潛在挑戰：

- **資源**：評估人力、測試環境、工具與測試資料是否充足，考慮是否需要額外採購或租用測試環境。

- **進度管理**：確保測試時間充足且與開發進度同步，同時考慮測試週期、回歸影響，以及如何因應專案時程風險。

- **人員配置**：評估是否需要效能測試、安全測試等專業測試人員，以及是否有培訓需求來填補技能差距。

- **工具需求**：評估是否需要自動化測試框架、效能測試工具、測試管理工具等，確保這些工具能與 CI/CD、開發環境相容並整合現有系統。
- **成本**：檢視測試資源與工具的預算充足度，評估可能需要的額外支援，並度量測試活動與工具的投資報酬率。
- **工作量**：確認測試計畫的可行性，確保測試活動符合專案時程與資源限制，必要時調整測試策略，並建立變更管理與風險降低機制。

測試計畫（Test Plan）是測試規劃活動的重要工作產品，它不僅記錄初期測試規劃的各項決策，還會隨著測試控制活動的進行而持續更新調整。根據專案規模的不同，測試計畫可分為以下幾種類型：

- **跨專案測試計畫**：多個專案的整體規劃和協調。
- **專案級測試計畫**：單一專案所進行的全面性測試活動規劃。
- **特定測試層級或類型的測試計畫**：例如系統測試計畫、子系統測試計畫、單元測試計畫、效能測試計畫。
- **特定測試迭代計畫**：某一特定測試迭代階段所需測試活動與資源的詳細規劃與安排。

當一個專案涉及多個測試計畫時，可利用測試計畫關聯圖來清楚呈現各計畫間的關係和細節內容，確保整體測試文件結構的清晰性。

依照 SO/IEC 29119-2 標準，測試計畫的制定可分為九個步驟（如圖 5.1.1 所示）。透過這些步驟的逐步實施，測試計畫將持續完善，最終形成一份完整的測試計畫。接下來，我們將詳細說明這九個步驟的內容：

- **理解測試背景**：取得軟體測試的背景與範疇，例如從專案管理計畫中瞭解測試預算與資源，並識別關鍵利害關係人以建立溝通管道。
- **規劃測試計畫制定**：根據測試需求設定測試計畫發展時程與關鍵里程碑，並確定需要參與的利害關係人。

- **識別與分析風險**：辨識潛在產品風險（例如安全漏洞）與專案風險（例如時程延誤），並獲得利害關係人對風險評估的同意。
- **確定風險處置方式**：根據已識別風險選擇適當的處理方法。若受限於時間或成本，可能需要將部分風險標記為超出範疇，但須記錄並獲得批准。
- **設計測試策略**：考量風險評估結果來排序測試活動，包含測試層級、類型、方法，同時識別測試資料、度量指標、環境與工具需求。
- **確定人力與時程規劃**：識別所需角色與技能，根據測試活動的估算、依賴關係與人員可用性安排時程，確保符合專案進度。
- **記錄測試計畫**：將測試計畫正式文件化以便後續利害關係人審查與批准。
- **獲得測試計劃共識**：收集利害關係人的回饋，修正並獲得正式批准。
- **溝通與發佈測試計畫**：確保測試計畫能夠被所有相關團隊存取、理解並遵循。

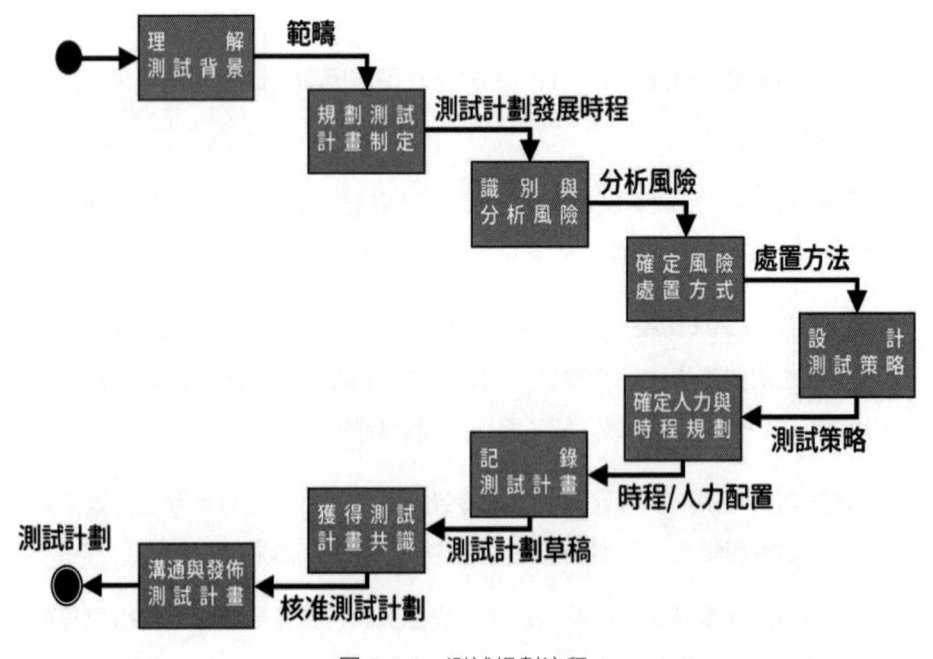

圖 5.1.1　測試規劃流程

測試計畫的制定是一個迭代過程，在最終確定前可能需要多次重複執行某些步驟。例如，當發現 API 存在資安風險時，可能需要增加資安測試，這就需要返回到測試計畫制定步驟，重新調整時程與資源。或者在達成共識過程中，利害關係人可能提出新要求，例如法規部門要求測試需符合 GDPR 或 PCI-DSS 標準，這時就要返回風險處置方式步驟，重新修訂應對策略。透過這種反覆調整與最佳化過程，能確保測試計畫能完整且可行以便適應專案實際需求。

根據 ISO/IEC 29119-3 標準，一份完整的測試計畫應包含 9 個關鍵欄位，其中 7 個欄位在 CTFL Syllabus 中有提及。表 5.1.1 詳細說明這些重要欄位的內容及其在測試計畫中的作用。

表 5.1.1　測試計畫的主要欄位

欄位名稱	ISTQB	內容說明
測試背景	○	定義測試計畫範疇、測試項目、測試層級與測試類型與識別測試依據。
假設與限制	○	說明影響測試計畫的條件，如法規標準、時間或資源限制等。
利害關係人	○	列出參與測試計畫的相關利害關係人及其角色。
測試溝通	○	描述測試團隊與其他開發生命周期內部單位的溝通方式。
風險清單	○	識別測試相關的風險（產品風險、專案風險）及風險處理策略。
測試策略	○	詳細規劃執行方法、工具、時程、資源、測試設計技術、測試度量指標及測試環境需求等。
測試活動與估算		針對每個已識別的測試活動進行時間與資源估算。
人力資源		確定測試團隊角色、技能需求與人員配置。
時程	○	總結整體測試活動的時程安排與識別專案時程中定義的測試里程碑

整份測試計劃其實以測試策略最為關鍵，因此在實務上，通常會先制定測試策略，再根據其它關鍵因素（例如可用資源、時程、預算）進行調整，以取得最佳平衡。這是由於測試策略中的測試方法、測試類型與測試層級都需要根據專案風險與產品風險來決定，並且在確定風險處置方式步驟中釐清哪些風險應透過測試來降低。最終，在測試計畫制定步驟中才能適當安排 測試時程、資源與人員，確保測試計畫的可行性與有效性，使測試活動能夠順利執行。

5.1.2 測試人員在迭代與發佈規劃中的貢獻

迭代式軟體開發生命週期主要包含兩種規劃：發佈規劃（Release Planning）和迭代規劃（Iteration Planning）。這兩種規劃，測試人員扮演關鍵角色。發佈規劃和迭代規劃是 Extreme Programming 的用語，其中發佈規劃著重於整個產品發佈的範圍與時程規劃，而迭代規劃則專注於下一個迭代要完成的使用者故事。在 Scrum 中，雖然發佈規劃不是正式定義的活動，但許多團隊仍會執行，以便預測產品發佈的時程與範圍。而迭代規劃在 Scrum 中稱為短衝規劃（Sprint Planning），用於規劃下一個 Sprint 要完成的工作項目，確保開發與測試活動能順利進行。

發佈規劃以產品的最終發佈為目標，過程中需定義和調整產品待辦清單（Product Backlog），並將較大的使用者故事拆解成較小單位，以便於管理與開發。此規劃同時也是測試策略和測試計畫的基礎，會影響所有迭代的測試活動。舉例來說，若發佈規劃決定優先推出即時串流功能，測試策略就需要加入壓力測試、負載測試等非功能性測試，以確保系統在高流量時的穩定性與效能，同時測試計畫也要準備適當的測試專業人力和測試環境，例如安裝所需的測試工具並建立模擬大量使用者的測試場景，確保測試能順利進行。

測試人員在發佈規劃中能貢獻以下價值：

- **協助撰寫可測試的使用者故事和驗收標準**：確保每個使用者故事都有明確的驗收標準，例如「訂單取消」功能需明確指出「系統應在使用者點擊取消訂單後立即退款並更新庫存」。
- **參與專案與品質風險分析**：識別潛在風險並提出相應的測試建議，例如發現支付功能依賴第三方 API 時，建議增加異常處理測試，以防 API 延遲影響交易。
- **估算測試工作量**：評估所需的測試案例數量與執行時間，例如新功能需要進行多瀏覽器相容性測試時，確保時程規劃合理可行。
- **決定測試策略**：根據功能特性選擇適當的測試方法，例如即時串流功能就需要加入負載測試與壓力測試，確保系統在高流量下的穩定性。
- **規劃發佈測試活動**：安排必要的測試，例如發佈前的回歸測試與使用者驗收測試，確保關鍵業務流程無誤才進行上線。

迭代規劃是每個迭代開始前的關鍵活動，目標是確定當前迭代的開發與測試範圍，並管理迭代待辦清單（Iteration Backlog）。團隊會根據優先性、複雜性和可行性，從產品待辦清單中選取適當的使用者故事，再將其細化為具體可執行的任務並分配給團隊成員。

測試人員在迭代規劃中能貢獻以下價值：

- **細部風險分析**：評估可能影響測試與品質的風險。例如發現「信用卡支付」功能未考慮支付失敗的情境，建議加入錯誤處理測試。
- **判斷可測試性**：確保每個故事都有明確且可測試的驗收標準。例如將模糊的效能需求具體化為「請求回應時間需低於 2 秒」。
- **拆解測試任務**：將使用者故事拆分為具體的測試項目。例如「會員登入」可分為正常登入、錯誤密碼、跨裝置測試等任務。

- 估算所有測試任務的測試工作量：確保測試資源與時間的合理分配。例如預估「API 測試」需要 3 天，並評估是否需要額外人力支援。

- 識別測並細化受測物的功能性與非功能性需求：確保功能性與非功能性測試的完整覆蓋。例如「聊天室功能」除了基本訊息傳遞測試，還需考慮系統在多人同時使用時的穩定性。

5.1.3 允入標準與允出標準

允入標準（Entry Criteria）為開始測試活動前必須滿足的前置條件。若未達成，可能導致測試困難、耗時、成本增加，甚至帶來更高風險。例如，未安裝必要的測試工具可能延誤測試進度或影響測試結果準確性。常見的允入標準包括：資源可用性（例如人員、工具、環境、數據、預算、時間等）、測試相關產物可用性（例如測試依據、需求、使用者故事、測試案例等）及受測物達到最低品質要求（例如通過所有煙霧測試）。最後，在敏捷開發中，允入標準通常稱為「就緒定義」（Definition of Ready, DoR），確保使用者故事在開始開發或測試前已符合所有必要條件。

允出標準（Exit Criteria）定義完成測試活動所需滿足的條件，例如測試覆蓋率需達 90% 且高優先級缺陷須全數修復，未達到則測試活動無法結束。常見的允出標準可分為兩大類：第一類是測試詳盡度指標，用於度量測試活動的完整性（例如測試覆蓋率是否已達成預定目標或未解決缺陷的數量是否在可接受範圍內）；第二類則為二元判定準則，以「是否完成」作為判斷依據（例如是否已完成所有預定的靜態測試，或是否已全面自動化回歸測試等）。最後，在敏捷開發中，允出標準通常稱為「完成定義」（Definition of Done, DoD），用於定義產品可發佈的客觀指標。

測試進行到一定階段時，可能因時間或預算限制而被迫結束測試並發布產品，即使未完全滿足所有允出標準，在此情況下，測試團隊應向決策者提供詳

細的測試報告與風險評估,清楚說明未修復的缺陷、未測試區域及潛在風險,由利害關係人根據當前測試結果、已知殘餘風險與專案需求決定是否發佈,所以時間或預算耗盡也可視為是有效的允出標準。例如,某電商平台在大促銷前上線新功能,有 5 個次要 UI 錯誤未修復,業務團隊評估後決定如期發佈;而網路銀行系統測試發現高風險的交易處理錯誤,可能導致財務損失,利害關係人因此決定延遲發布,直到問題修復並完成額外測試。

每個測試層級都需定義允入標準與允出標準,並根據不同的測試目標進行調整。例如,單元測試的目標是驗證個別函式或模組的正確性,而系統測試則聚焦於測試整體系統,確保所有元件在整合後能夠正常運作。因此,各測試層級的允入與允出標準會有所不同。我們在表 5.1.2 各列出三個允入標準與允出標準的範例,以供讀者參考。

表 5.1.2 允入標準與允出標準

測試層級		範例
單元測試	允入標準	• 程式碼已撰寫完成且通過基本語法與語意檢查 • 所有必要的測試框架(例如 pytest)已安裝完成 • 測試環境已準備就緒(例如 Python 環境設定正確)
	允出標準	• 單元測試的測試案例已全部(無遺漏)執行 • 測試通過率達 95% 以上(且未發現重大缺陷) • 所有核心功能測試均須通過
系統測試	允入標準	• 所有整合測試已完成,所有關鍵測試案例均通過 • 系統測試環境已準備就緒(與正式環境高度相似) • 使用者故事與需求已明確定義
	允出標準	• 所有計劃內的系統測試案例已執行完畢 • 所有核心功能(例如登入、交易、查詢)測試均通過 • 無關鍵性缺陷,僅允許可接受的低風險問題

5.1.4 估算技術

測試工作量估算是預測完成測試專案所需工時的過程。然而，任何估算都存在不確定性，這在專案初期尤為明顯。由於早期階段資訊不完整，估算風險會特別高。這一現象在 Barry Boehm 的《Software Engineering Economics》中提出的「不確定性圓錐」（Cone of Uncertainty）理論中得到具體描述（如圖 5.1.2）：在專案初期，估算誤差範圍可能高達 ±400%，也就是說，實際工作量可能是估算值的 1/4 到 4 倍之間。隨著專案的推進和各項決策逐步落實，這個誤差範圍會逐漸縮小，到專案後期通常能夠收斂到 ±10% 到 ±25% 之間。

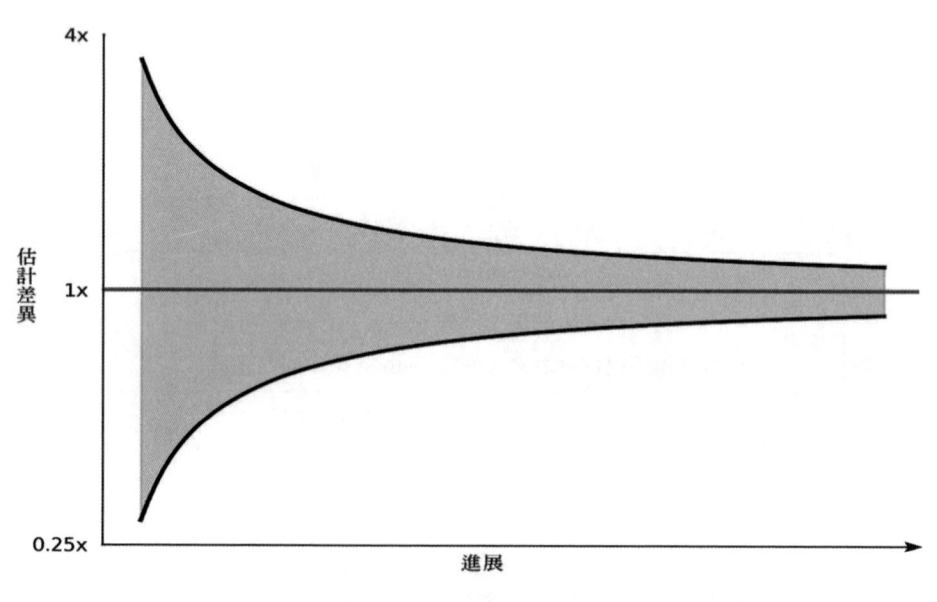

圖 5.1.2　不確定性圓錐

因此，讓所有利害關係人理解估算是建立在多項假設的基礎上，並非絕對準確，而是一個持續調整與改善的過程至關重要。就像專案規劃一樣，估算應根據專案進展不斷修正，以提高準確性。正如一句話所說：「沒有估算就如同在霧中前行，而有了估算才能逐步調整方向。」雖然初期估算可能存在誤差，但它仍然為專案管理提供重要的參考依據，有助於更好地分配資源與控制風險。

05
測試活動管理

當人們估算工作量時，通常能夠較為準確估算小型任務，但對於大型任務的估算則容易產生較大的誤差。因此，當面對一個難以直接估算的大型任務時，可以採用「分而治之」的方法：先將大任務拆解成較小的子任務，對每個子任務進行估算，最後將所有結果加總，以獲得更準確的總體估算。

讓我們以圖 5.1.3 為例說明這個概念，假設有一個難以直接估算的大型任務，我們可以透過逐層拆解的方式，最終將它分解成 7 個較小且容易估算的底層任務。具體來說，這個大型任務先被拆分成三個子任務（A、B、C），但這些子任務的規模仍然偏大，所以需要進一步拆解。最終估算結果如下：

- 子任務 A：7 + 8 = 15 人天
- 子任務 B：10 + 10 = 20 人天
- 子任務 C：12 + 8 + 5 = 25 人天

將所有子任務加總後，此大型任務的總體工作量為 60 人天（15 + 20 + 25）。這種方式能夠有效降低估算的不確定性，避免單憑直覺做出不精確的預測，因此廣泛應用於軟體開發、專案管理和測試規劃等領域，確保估算結果更貼近實際情況。

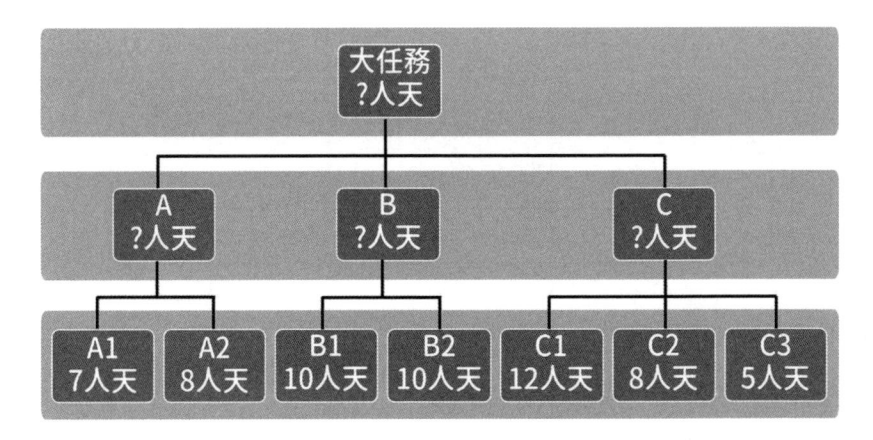

圖 5.1.3　拆解測試任務

測試工作量的估算技術主要分為兩大類型：

- **基於度量的技術（Metrics-Based Techniques）**：主要依靠實際資料進行估算，包括類似專案的測試資料、歷史紀錄，以及產業基準等。其中，比率估算法和推估法都屬於這個類型。這種方法的優點是有具體資料支持，較為客觀。

- **基於專家的技術（Expert-Based Techniques）**：主要依賴測試專案負責人或領域專家的經驗和判斷來進行估算。廣義德菲法和三點估算法都屬於這個類型。這種方法的優點是能夠結合專家的實務經驗和專業判斷。

比率估算是利用組織歷史專案資料來建立「標準比率」。假設一家公司完成 5 個 Web 專案，每個專案都記錄開發與測試的工作量（以人天計算），如表 5.1.3 所示。這 5 筆專案的總開發工作量為 500 人天，總測試工作量為 100 人天，因此可得出開發與測試工作量的標準比率為 5:1。

當有新的 Web 專案需要評估時，若已知開發工作量預估為 150 人天，就可以應用這個標準比率來估算測試工作量。按照 5:1 的比例計算，測試工作量應該是 30 人天。因此比率估算的前提假設在於新專案很可能會維持與歷史專案相近的工作量比率。

表 5.1.3　歷史專案

專案名稱	開發工作量	測試工作量
A	120	24
B	100	20
C	90	18
D	110	22
E	80	16

使用比率估算時，最關鍵的是要考慮專案的相似性。這就是為什麼我們上面案例特別強調這些都是 Web 專案的原因。只有用類似專案資料估算才會較為準確。如果組織內有多種不同類型的專案，建議：

- 為不同類型的專案建立各自的標準比率
- 或是設定一個標準比率，再根據專案複雜度各自調整

在進行比率估算時，最理想的資訊來源是組織自身的歷史專案記錄。如果缺乏內部資訊，也可以參考國際組織的資料庫，例如 ISBSG（https://www.isbsg.org/）。

推估（Extrapolation）是一種根據專案早期階段的實際資料來預測後續工作量的方法。這種方法特別適用於迭代式軟體開發，因為團隊可以利用前幾次迭代的實際表現來估算未來的工作量，從而提高規劃的準確性。舉例來說，圖 5.1.4 顯示某個敏捷開發團隊的速度圖（Velocity Chart），我們可以根據該圖進行推估：

- **Sprint 1**：完成 6 個使用者故事，總規模 38 點
- **Sprint 2**：完成 3 個使用者故事，總規模 29 點
- **Sprint 3**：完成 7 個使用者故事，總規模 38 點

在敏捷開發中，速度（Velocity）代表團隊的交付能力。當規劃 Sprint 4 時，我們可以參考前三個 Sprint 的平均交付能力作為預測基準：

$$(38 + 29 + 38) / 3 = 35 \text{ 點}$$

這種預測方法不僅適用於估算交付能力，也可用於推估測試工作量。透過分析前幾個 Sprint 的測試工作量，團隊可以更準確預測下一個 Sprint 所需要的測試工作量。

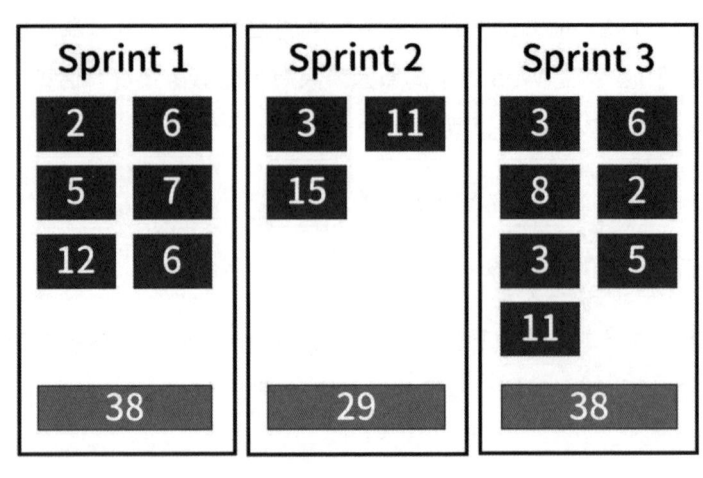

圖 5.1.4　速度圖

　　推估的一個明顯限制在於需要依賴現有的實際執行資料來進行預測。這就造成一個問題：當要預測 Sprint 1 的測試工作量時，由於專案尚未開始執行，沒有任何實際資料可供參考，因此無法進行有效的推估。為了解決這個問題，團隊可以採用三點估算法或廣義德菲法來制定初始的測試工作量。待累積幾次迭代的實際資料後，再轉換使用推估來進行更精準的預測。

　　廣義德菲法是傳統德菲法（Delphi Method）的延伸版本，最大特點是增加專家間的互動與討論機會。相較於傳統德菲法，它具有以下主要特色：

- 允許專家在估算過程中進行討論，及時釐清細節，避免因資訊不足而產生錯誤估算
- 採用非匿名制，讓參與者可以公開交流，確保資訊透明
- 透過多輪的獨立估算與討論，引導專家們逐步達成共識，得出更準確的預測結果

廣義德菲法的執行流程如下：

- **獨立估算**：每位專家先獨立完成工作量估算

- **結果匯總**：收集並檢視所有專家的估算結果，找出明顯的結果偏差
- **討論與調整**：若發現重大偏差，召開專家討論會議，讓各方說明估算依據
- **重新估算**：專家根據討論內容，進行新一輪的獨立估算
- 重複以上步驟，直到專家們達成共識

規劃撲克（Planning Poker）是廣義德菲法在敏捷開發中的應用方式，圖 5.1.5 顯示其運作示意圖。在估算過程中，團隊成員使用特製撲克牌來表示工作量規模，這些數字根據費氏數列（Fibonacci Sequence）設計，即每個數字都是前兩個數字的總和（例如：1, 2, 3, 5, 8, 13, 20）。

有趣的是，當撲克牌數列進展到 13 和 20 之後，下一個數字並未依照費氏數列的 33，而是直接跳到 40。這樣的設計是基於實務考量：當工作量估算達到如此大的規模時，精確的數字已經失去意義。此時，這些較大的數字其實是在提醒團隊：「這個任務過大，應該考慮將其拆分為較小的工作項目」，以確保工作能夠在單個迭代內完成，並降低開發與測試風險。

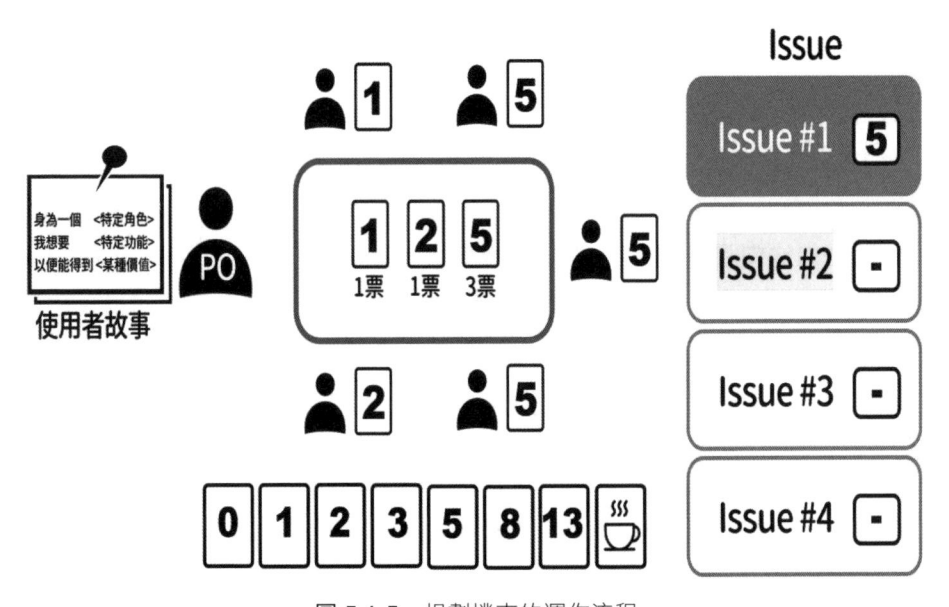

圖 5.1.5　規劃撲克的運作流程

三點估算法是一種考慮不確定性的估算方法，不同於傳統的單點估計。這種方法認為任何估算都存在不確定性，因此需要考慮三種不同情境：

- **最樂觀估計 (A)**：在最理想狀況下的估計
- **最可能估計 (m)**：在一般情況下最有可能下的估計
- **最悲觀估計 (B)**：在最糟糕情況下的估計

這三個估算值可以衍生出兩種常見的計算方法，分別是簡單平均法與加權平均法。以下透過一個實例來說明：

假設專家對某項測試工作進行估算（單位：小時）：

- **最樂觀估計**：6 小時
- **最可能估計**：9 小時
- **最悲觀估計**：18 小時

簡單平均法直接對這三個數值取算術平均以獲得預估結果，適用於風險分佈均勻的專案估算。其公式如下：

$$E = \frac{(a+m+b)}{3} = \frac{(6+9+18)}{3} = 11 \text{ 小時}$$

加權平均法中最常見的是 PERT 估算法（Program Evaluation and Review Technique, PERT），該方法假設估算數據符合 Beta 分佈，並且給予最可能估計較高的權重。因此，在 PERT 公式中，最可能估計被賦予 4 倍的權重，而分母則由簡單平均法的 3 變為 6，公式如下：

$$E = \frac{(a+4m+b)}{6} = \frac{(6+4\times9+18)}{6} = 10 \text{ 小時}$$

標準差（SD）用於度量估算結果的變異性，無論是簡單平均法或加權平均法都可以使用相同的計算方式：

$$標準差 = \frac{(b-a)}{6} = \frac{(18-6)}{6} = 2 \text{ 小時}$$

因此估算結果的合理範圍應該落在 $E \pm SD$，這項測試活動的最終預估結果為：

- **簡單平均法**：11±2 小時（預期在 9-13 小時間）
- **加權平均法**：10±2 小時（預期在 8-12 小時間）

5.1.5 測試案例排序

當測試案例和測試程序被組織成測試套件後，我們需要制定合適的執行時程來安排測試順序，以確保有限測試資源能發揮最大效益。目前常見的三種優先排序方法包括：風險導向排序（Risk-based Prioritization）、覆蓋率導向排序（Coverage-based Prioritization）和需求導向排序（Requirements-based Prioritization）。讓我們依序探討這三種方法的特點和應用。

風險導向排序是一種根據風險分析結果決定測試執行順序的策略，目標是優先處理最可能導致嚴重問題的測試案例。在評估測試案例風險時，通常考量兩個關鍵因素：

- **缺陷發生的可能性**：該測試案例對應的功能出現缺陷的機率，這可能取決於技術複雜度、過往缺陷記錄、系統變更頻率等因素。
- **缺陷的影響程度**：當該測試案例對應的功能發生缺陷時，對系統、業務或使用者的影響程度，包括財務損失、安全性風險、使用者體驗影響等。

測試團隊透過評估測試案例的風險等級，可以在有限的時間內集中資源於最關鍵的系統功能，優先發現與修復高風險問題，提高產品上線的穩定性與可靠性。

表 5.1.4 顯示 6 個測試案例的風險分析結果，使用者登入測試（TC1）被評為極高風險，因為登入錯誤將阻礙使用者進入系統，影響所有功能，因此應優先執行；相比之下，報表下載測試（TC6）被評為極低風險，即使發生錯誤也僅限於使用者體驗，不會影響核心業務，可以延後或縮減測試範圍。透過這種排序策略，測試團隊能夠優先發現與修復高風險問題，提高產品上線的穩定性與可靠性。

表 5.1.4　風險導向排序

測試案例	風險影響	發生機率	風險等級
TC1：使用者登入測試	高	高	極高
TC2：資金轉帳測試	高	中	高
TC3：交易處理中斷恢復測試	高	中	高
TC4：信用卡支付測試	高	低	中
TC5：帳戶餘額查詢測試	中	低	低
TC6：報表下載測試	低	低	極低

覆蓋率導向排序會依據測試覆蓋率（例如敘述覆蓋率）來決定測試執行順序，優先執行可達成最高覆蓋率的測試案例。另一種變體為額外覆蓋排序（Additional Coverage Prioritization），即先執行覆蓋率最高的測試案例，然後依序執行可提供最多額外覆蓋率的測試案例，以下分別以表 5.1.5 與表 5.1.6 舉例說明。

在決定測試案例執行順序時，我們優先選擇具有最高需求覆蓋率的 TC1（覆蓋需求 1、3、4、5），接著執行第二高覆蓋率的 TC2（覆蓋需求 2、3、4）。雖

然 TC3 和 TC4 具有相同的覆蓋率，但考慮到 TC3 能夠覆蓋更多尚未測試的需求，因此選擇先執行 TC3 再執行 TC4。因此，最終的測試執行順序為：TC1、TC2、TC3、TC4。

表 5.1.5　覆蓋率導向排序

測試案例	需求							覆蓋率
	1	2	3	4	5	6	7	
TC1	X		X	X	X			4/7
TC2		X	X	X				3/7
TC3						X	X	2/7
TC4	X					X		2/7

在安排測試案例執行順序時，我們首先執行 TC1，因為 TC1 覆蓋最多的需求數量（需求 1、3、4、5）。接著，我們發現需求 2 和需求 6 尚未被覆蓋，而 TC2 和 TC3 各自覆蓋其中一個需求。考慮到 TC2 覆蓋較多的其它需求，我們選擇先執行 TC2，再執行 TC3（覆蓋最後一個未測試的需求 6）。當所有需求都至少被覆蓋一次後，我們根據剩餘測試案例（TC4 和 TC5）所覆蓋的需求數量來決定執行順序。最終的測試執行順序為：TC1、TC2、TC3、TC5、TC4。

表 5.1.6　額外覆蓋排序

測試案例	需求						覆蓋率
	1	2	3	4	5	6	
TC1	X		X	X	X		4/6
TC2		X	X	X			3/6
TC3					X	X	2/6
TC4	X						1/6
TC5		X		X			2/6

需求導向排序會根據需求的優先性來決定測試執行的順序，其中需求優先性是由利害關係人根據多個構面（例如商業價值、時程規劃、專案資源和技術可行性等）來評估和定義。當測試案例與高優先性需求相關時，就會被優先執行。以表 5.1.7 為例，我們採用 MoSCoW 方法將需求分為四個等級：必須擁有（Must-have）、應該擁有（Should-have）、可以擁有（Could-have）和不需要擁有（Won't-have）。根據分析結果，使用者登入、轉帳功能和帳戶餘額查詢被列為必須擁有，這些功能關係到系統的核心運作，因此相關的測試案例必須優先執行。

表 5.1.7　需求導向排序

需求項目	優先性	原因
使用者登入	必須擁有	登入是所有使用者操作的基礎，若無法登入則無法使用系統。
轉帳功能	必須擁有	金融交易系統的核心功能，影響用戶最基本的需求。
信用卡支付	應該擁有	雖然重要，但若用戶可以透過銀行轉帳完成支付，則可延後至後續版本。
帳戶餘額查詢	必須擁有	用戶需要能夠查詢帳戶餘額，以便進行交易決策。
報表下載	可以擁有	屬於輔助功能，短期內可以使用網頁查詢，報表下載可在後續版本提供。
使用者個人資料編輯	應該擁有	雖然是基本功能，但若初期只允許客服協助修改，則可稍後再開發。

雖然測試案例應依照優先性來安排執行順序（例如風險程度與覆蓋率等），但實務上常需考慮其他限制因素來調整。首先，測試案例間可能存在相依性，即使某個測試案例優先性較高，若它依賴於優先性較低的測試案例，我們也必須先執行後者。其次，資源可用性（例如測試工具、環境或特定人員）的時間限制，往往會影響測試排程的安排。最後，確認性測試和回歸測試通常需優先執

行，以確保已修正的功能能夠正常運作。因此，最終的測試執行順序需要在理想與現實條件間取得平衡。

讓我們來分析表 5.1.8 中的四個測試案例的執行順序。每個測試案例都有優先性和相依性兩個欄位：優先性數字越小代表執行優先順序越高，而相依性則表示在執行某個測試案例前，必須先完成哪些其它測試案例。例如，TC1 雖然優先性最高，但必須等 TC2 和 TC4 執行完畢才能進行。

表 5.1.8　測試案例排序：非理想情況

測試案例	優先性	相依性
TC1	1	TC2, TC4
TC2	3	
TC3	2	TC5
TC4	4	TC2
TC5	4	TC2

若單純考慮優先性，執行順序應為 TC1、TC3、TC2、TC4/TC5（因 TC4 與 TC5 優先性相同，順序可互換）。但當同時考慮相依性時，執行順序會有顯著改變：首先執行沒有相依性的 TC2，接著可以選擇執行 TC4 或 TC5（兩者皆只依賴 TC2），此處選擇 TC4，因為這樣可以緊接著執行最高優先性的 TC1。TC1 執行完後，執行 TC5，最後才是依賴 TC5 的 TC3。因此，最終的測試執行順序為：TC2、TC4、TC1、TC5、TC3。

5.1.6　測試金字塔

測試金字塔是一個由 Mike Cohn 所提出的模型，透過視覺隱喻展示不同測試層級的細粒度（Granularity）差異。細粒度指的是測試的範圍大小與細緻程

度：高細粒度意味著測試範圍小，聚焦於單一功能；低細粒度則表示測試範圍大，覆蓋整個系統。這個模型也常被稱為測試自動化金字塔，因為它強調如何合理安排不同層級的自動化測試，以達到最佳的測試效率與成本效益，其三個層級詳細說明如下：

- **金字塔底層（單元測試）**：作為測試金字塔的基礎，主要目的是在軟體開發週期的早期獨立測試各個元件，以便及早發現潛在缺陷。這類測試通常由開發人員負責，無需依賴其他元件、服務或使用者介面，就可以獨立進行。由於測試範圍最小且執行速度最快，同時也需要最多的測試案例才能確保充分的測試覆蓋率。單元測試是確保程式碼品質的第一道防線，能夠快速驗證個別程式碼單元的正確性，及早攔截可能的缺陷。

- **金字塔中間層（服務測試）**：位於金字塔第二層，主要聚焦於系統各元件間的互動。這類測試評估系統不同部分是否能夠順利協同工作，例如檢驗系統是否能與資料庫正確地交換資料。相較於底層的單元測試，服務測試的細粒度較高，執行速度相對較慢，且所需的測試案例數量也相對較少。這一層測試在確保系統內部元件能夠有效整合和溝通扮演關鍵角色。

- **金字塔頂層（UI 測試）**：專注於最終使用者的整體系統體驗。這是最直觀的測試方式，主要檢查按鈕、表單和選單等是否按預期運作。由於其執行範圍大、細粒度較低，測試執行速度相對較慢，用少量測試案例來確保達到合理的覆蓋範圍。這類測試對於驗證系統的整體功能至關重要，能夠全面檢驗系統的各個關鍵環節是否如預期般順暢運作。

測試金字塔的層級數量與命名可能因不同模型而有所差異。如圖 5.1.6 所示，原始測試金字塔通常包含三層：單元測試（Unit Tests）、服務測試（Service Tests）和 UI 測試（UI Tests）；另一種常見模型則將層級劃分為單元測試（Unit Tests）、整合測試（Integration Tests）和端對端測試（End-to-End Tests）。

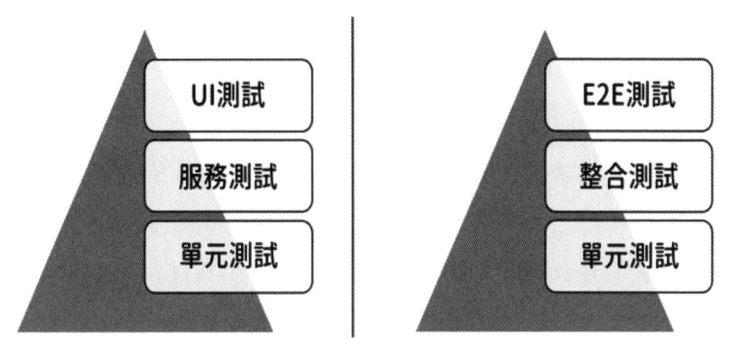

圖 5.1.6　測試金字塔

　　圖 5.1.7 展示翻轉金字塔（Flipped Pyramid）模型，這是對傳統測試金字塔的一種重新思考，特別是在行動應用程式測試領域。之所以出現這種模型，是因為行動測試面臨著裝置多樣性、感測器整合、複雜的網路環境和硬體相容性等諸多挑戰。這些獨特因素使得行動測試需要採用與其他軟體測試截然不同的策略，其中包含大量的手動測試，以確保 App 能夠在各種使用情境下如預期般運作。

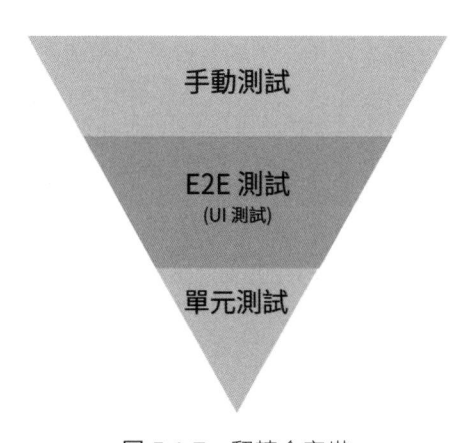

圖 5.1.7　翻轉金字塔

5.1.7 測試象限

測試象限（Testing quadrants）是由 Brian Marick 在 2003 年提出的思考工具，用於協助團隊討論並規劃軟體開發生命週期中所需的測試活動。測試象限提供測試的整體視圖，避免團隊僅侷限於討論功能驗收測試，讓所有成員都能清楚理解測試在敏捷軟體開發中的角色與貢獻。在測試象限中，測試活動可依照兩個維度來分類：一是依據測試導向區分為業務導向（Business Facing）或技術導向（Technology Facing），二是依據測試目的區分為支援團隊（support the team）或評論產品（critique the product）。圖 5.1.8 展示測試象限的基本概念。

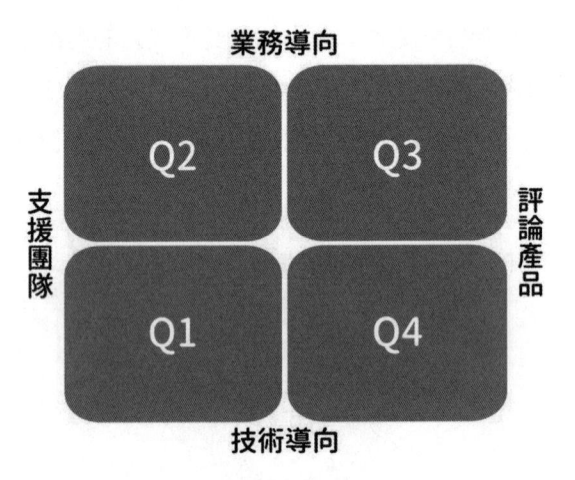

圖 5.1.8　測試象限的二個維度

測試象限可分為左右兩側和上下兩部分：左側的「支援團隊」測試主要在程式撰寫前或撰寫過程中進行，目標是預防缺陷發生並確保開發過程符合預期；右側的「評論產品」測試則在程式撰寫完成後執行，旨在發現程式碼中的缺陷和功能遺漏，以確保產品品質與完整性。就垂直方向而言，上半部關注與商業需求相關的外部品質，測試內容以利害關係人能理解的方式進行；下半部則聚

焦於內部程式碼品質，這些測試由技術團隊成員撰寫，雖然利害關係人會關心最終結果，但通常不會直接參與測試過程。

測試象限透過兩個維度的組合形成四個特色鮮明的區域，幫助團隊在敏捷開發過程中合理規劃測試活動。透過此模型，團隊能針對不同的測試需求，選擇最適合的測試技術，確保產品品質與開發效率。圖 5.1.9 展示包含各類測試類型的測試象限，以幫助團隊更直觀理解測試的範疇與應用。

- 第一象限著重於技術面向並支援開發，主要包含元件測試和元件整合測試。這些測試通常由開發人員進行自動化，專注於測試單一元件而非完整應用程式或資料庫的互動。例如透過 TDD 等方法，團隊能獲得快速的程式碼修改回饋，第一象限的測試也會整合至 CI/CD 流程，確保開發流程能夠靈活適應變更，並維持軟體的穩定性與品質。

- 第二象限聚焦於業務面向並支援開發，涵蓋功能性測試、示例、使用者故事測試、使用者體驗雛型、API 測試及模擬等。在這個象限中，產品擁有者、開發人員和測試人員等利害關係人密切合作，確保功能與故事符合業務需求與驗收標準。這些測試可依需求採用手動或自動化方式執行，並可透過 BDD、ATDD 或 SBE 等方法將測試場景轉換為自動化執行的形式。

- 第三象限關注業務面向並評估產品，包含探索性測試、可用性測試和使用者驗收測試。這個象限強調以人為本的測試方法，主要採用手動測試方式，確保產品的功能與體驗符合使用者預期，並為客戶帶來實際價值。從這個象限獲得的測試資訊通常會回饋到第二象限，用於改善產品定義。

- 第四象限著重於技術面向並評估產品，包括煙霧測試（Smoke tests）和非功能性測試（不含可用性測試）。這些測試通常需要自動化執行，目的是確保系統的穩定性和效能等非功能性需求，而非讓客戶成為錯誤的發現者。當團隊修改程式碼設計以改善各種品質特徵時，第四象限的測試結果會回饋到第一象限，確保新的設計變更不會影響核心功能。

```
                          業務導向

        ┌─────────────────────┬─────────────────────┐
        │ Functional tests    │ Exploratory testing │
        │ Examples            │ Usability testing   │
        │ User story tests    │ User acceptance     │
支  │ User experience     │   testing           │  評
援  │   prototypes        │                     │  論
團  │ API testing         │                     │  產
隊  │ Simulations      Q2 │ Q3                  │  品
        ├─────────────────────┼─────────────────────┤
        │                  Q1 │ Q4                  │
        │                     │                     │
        │ Component tests     │ Smoke tests         │
        │ Component           │ "ility" tests       │
        │  integration tests  │ (except usability   │
        │                     │  tests)             │
        └─────────────────────┴─────────────────────┘

                          技術導向
```

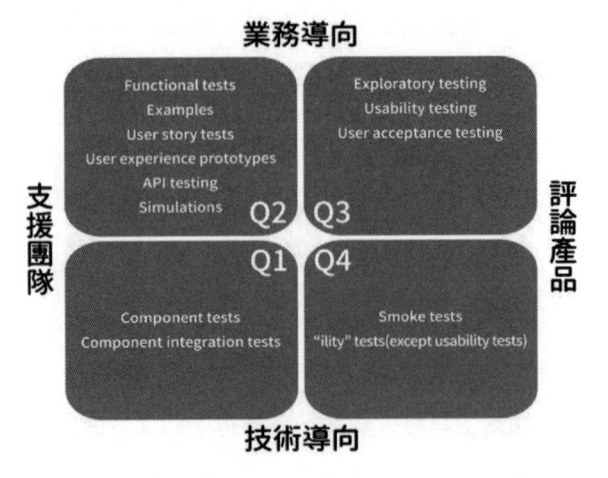

圖 5.1.9　測試象限

　　測試象限有許多不同版本，這可能讓初次接觸的讀者感到困惑。然而，這些版本都遵循 Marick 提出的兩個基本維度，差異只在於四個象限中的不同測試活動範例。回憶之前所提到的，測試象限本質上是一個促進討論的工具。Lisa Crispin 和 Janet Gregory 在《Holistic Testing: Weave Quality into Your Product》一書中提供另一種測試象限觀點（圖 5.1.10），相較於 Marick 原始版本主要關注傳統測試類型（例如單元測試、功能測試、效能測試），新版本在第三象限明確納入監控與恢復能力（Monitoring and Recoverability），並於第四象限補充可恢復性測試（Recoverability Testing）。這些更新融入現代 DevOps 和網站可靠性工程（Site Reliability Engineering, SRE）的概念，使測試策略更能符合當前敏捷與 DevOps 環境的需求。

05 測試活動管理

```
           業務導向
    ┌─────────────┬─────────────┐
    │ Examples    │ Exploratory testing │
    │ Story acceptance tests │ Workflows, Usability testing │
支  │ UX(user experience) tests │ UAT(User acceptance testing) │ 評
援  │ Prototypes, Simulations │ Monitoring and observability │ 論
團  │         Q2  │  Q3         │ 產
隊  │         Q1  │  Q4         │ 品
    │ Unit tests  │ Performance tests │
    │ Component tests │ Load tests, security tests │
    │             │ Quality attributes (…ilities) │
    │             │ Recoverability │
    └─────────────┴─────────────┘
           技術導向
```

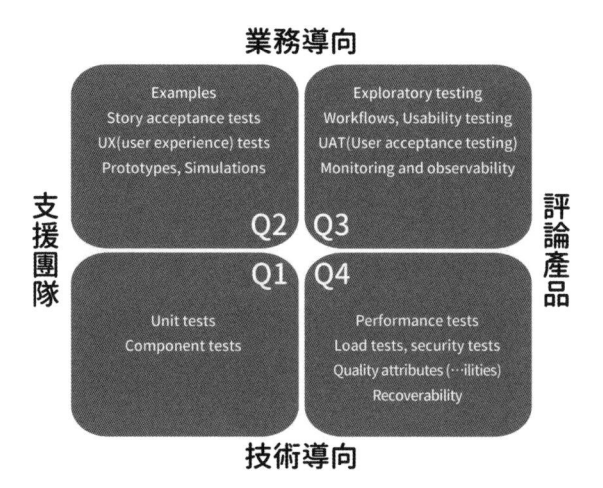

圖 5.1.10　測試象限：另一種分類

5.2　風險管理

風險管理是一套系統化方法，透過識別、評估、降低和監控各種潛在風險，以確保專案成功和產品品質。本章首先介紹風險的基本定義，並指導讀者如何運用「發生機率」和「影響」來評估風險等級。讀者將學習區分專案風險和產品風險的重要性，並瞭解測試在降低產品風險中的關鍵作用。接著，我們將探討風險分析後的四種主要應對策略：風險緩解、風險接受、風險轉移及制定應急計畫。透過產品風險分析結果制定合適的應對策略，我們能確保高風險區域得到充分測試，同時達到資源的合理分配。

學習目標	K Level	內容
FL-5.2.1	K1	使用風險發生機率與風險影響來識別風險等級
FL-5.2.2	K2	區分專案風險與產品風險
FL-5.2.3	K2	解釋產品風險分析如何影響測試的全面性與測試範圍
FL-5.2.4	K2	解釋可以採取哪些措施應對產品風險分析後的結果

5-29

5.2.1 風險定義與風險屬性

風險是指可能導致負面後果的潛在因素，當出現可能影響產品品質或降低專案成功機會的問題時，就表示存在風險。為了有效應對這些風險，我們需要進行風險管理，這包括一系列系統化的活動：識別、評估、紓緩和監控那些可能影響專案或組織成功的潛在風險和不確定性。風險管理的核心在於主動預防並減少風險帶來的負面影響，同時把握潛在機會，藉此提高組織實現目標的可能性、改善產品品質，並增強利害關係人的信心（相關詳細資訊可參考 ISO 31000 風險管理標準）。

風險管理活動在 CTFL Syllabus 中主要分為兩大類：

- 風險分析

  - 風險識別（risk identification）：辨識可能影響專案或產品的潛在風險，明確其來源與性質。

  - 風險評估（risk assessment）：分析風險的發生機率與潛在影響，評估其嚴重程度並進行優先排序。

- 風險控制

  - 風險緩解（risk mitigation）：制定並執行策略，降低風險發生機率或減輕其影響。

  - 風險監控（risk monitoring）：持續追蹤風險狀態，確保緩解措施有效，並及早識別新風險，以維持專案穩定性。

在軟體測試中，如何適當選擇與安排測試活動是一項重大挑戰。「風險」作為關鍵的決策依據，有助於確定測試的啟動時機、範疇與優先處理的重點區域。當測試人員運用風險分析與風險控制的結果來規劃並管理測試活動時，即稱為風險導向測試（Risk-based Testing）。透過此方法，能有效優化資源分配，優

先聚焦於高風險區域，藉此降低問題發生機率或減輕其影響，進而提升測試效率與產品品質。此概念在 ISTQB 核心進階級認證（CTAL-TA 與 CTAL-TM）中亦設有專門章節深入探討，充分顯示其在測試管理與測試分析中的重要性。

根據 ISTQB 測試術語表，風險是指可能引發負面後果的因素，主要由兩個關鍵元素來評估：發生機率（likelihood）和影響程度（impact/harm）。這兩個元素的組合決定風險等級（Risk level），風險等級越高，代表該風險越需要優先處理。

5.2.2 專案風險與產品風險

在軟體測試領域，我們主要關注兩種風險類型：專案風險（Project Risks）和產品風險（Product Risks）。

專案風險也被稱為規劃風險（Planning risks），主要與專案的管理和控制直接相關，這類風險可能影響專案目標的達成。常見的專案風險包含以下幾個構面：

- **組織面**：例如工作產品延遲交付、估算不準確、預算縮減影響品質
- **人員面**：例如測試人員技能不足、團隊溝通不良、人力資源短缺
- **技術面**：例如需求定義不清、需求變更過晚、工具支援不足、技術債累積
- **供應商面**：例如第三方無法如期交付、供應商停止支援或破產

專案風險最直接的影響就是專案延遲。在商業專案中，未能在合約期限內交付產品可能需承擔違約金或面對客戶求償，同時也可能錯失市場機會，特別是在金融、電商、遊戲等競爭激烈的產業。以某金融科技公司為例，因測試進度落後而延遲交付支付系統，不僅需支付合約總價 5% 的違約金，更損害企業商譽。

產品風險也被稱為品質風險（Quality risks），與產品品質特徵密切相關（例如功能性、可靠性、效能、可用性等），這些特徵可以在 ISO/IEC 25010 中找到更完整描述，這類風險源自於軟體本身，常見的產品風險包括：

- 功能缺陷或不足
- 計算錯誤
- 運行崩潰
- 架構不佳
- 低效率演算法
- 回應時間不足
- 使用者體驗差
- 安全漏洞

產品風險一旦發生，可能導致多種嚴重的負面後果：

- **使用者滿意度下降**：例如 2021 年 LINE 在台灣多次發生訊息延遲、無法傳送的問題，導致用戶大量抱怨並轉向其他通訊軟體。
- **損害營收、信任和商譽**：例如，多起全球性數位服務中斷事件，對企業營運與使用者信任皆造成重大衝擊。
- **損害第三方**：例如，美國某醫療資訊業者遭勒索軟體攻擊，致多家醫療機構停擺，影響病患治療。
- **高維護成本和客服負擔**：例如，某知名 AI 平台服務中斷，客服需求暴增，業者被迫投入大量資源應對。
- **法律制裁**：例如，某民航機因控制系統缺陷接連空難，造成重大損失並引發高層追責與重罰。

- 導致物理性損害、傷害甚至死亡：例如，2023 年某無人駕駛車輛因軟體判斷失誤撞傷行人，導致其服務被迫暫停。

值得注意的是，專案風險和產品風險常常互相影響：產品出現重大缺陷可能延誤專案進度（如電商網站結帳功能發現大量問題需額外修復時間），而專案資源不足則可能導致產品品質問題（如測試人力不足導致無法完整測試所有功能）。

5.2.3 產品風險分析

從測試的角度來看，產品風險分析主要有兩個目標：提高團隊對產品風險的認知，並確保測試資源能夠集中於降低產品的殘餘風險。為了達到最佳效果，產品風險分析應該在軟體開發生命週期的早期就開始進行，這樣才能確保測試計畫能有效地應對各種潛在風險。

產品風險分析包含兩個主要階段：風險識別和風險評估。其中，風險識別的目的是建立一份完整的風險清單，確保所有可能影響產品品質的風險都被納入考量。利害關係人可以透過以下幾種方法來進行風險識別：

- 腦力激盪（Brainstorming）
- 風險工作坊（Workshops）
- 訪談（Interviews）
- 因果圖分析（Cause-Effect Diagrams）

風險評估包含四個主要活動：風險分類、評估風險特性（發生機率、影響和風險等級）、風險優先排序，以及制定風險應對策略。讓我們詳細說明這四個活動。

首先，風險分類是將已識別風險進行合理歸類，以便更有效管理和制定緩解措施。舉例來說，若在風險識別階段發現六個風險：系統回應時間過長、伺服器過載、記憶體洩漏、資料外洩、權限管理漏洞和 SQL 注入攻擊，我們可以將它們分類為效能風險（前三項）和安全性風險（後三項）。這樣的分類方式可以幫助我們為相似的風險採用相似的緩解方法，提高管理效率。

其次，在評估風險特性時，我們需要透過定性（Qualitative Approach）或定量（Quantitative Approach）方式來評估每個風險的發生機率和影響程度，進而確定其風險等級。這個評估過程有助於我們更準確地瞭解每個風險的嚴重性。

- **發生機率**：潛在風險發生的可能性，可以用定量方式（如 0 到 1 之間的百分比機率值）或定性方式（如高、中、低三個尺度）來表示。
- **影響**：風險一旦發生時對專案、系統或組織可能造成的危害或損失程度。影響程度可能涉及多個層面，同樣可以採用定量方式（例如具體的貨幣損失金額）或定性方式（如高、中、低三個尺度）來評估。

當發生機率與影響都是定量評估時（當發生機率與影響是用百分比機率值或數值表示時使用），可以透過以下公式計算風險等級：

$$風險等級 = 風險可能性 \times 影響$$

舉例來說，如果某個風險的發生機率為 0.4（40%），影響程度為 0.7（70%），則其風險等級為 0.28（0.4×0.7）。當我們使用這種定量方式評估所有風險後，就能根據風險等級進行排序，並優先處理高風險等級。

當發生機率與影響都是定性評估時（順序尺度表示），主要透過風險矩陣（Risk matrix）來進行，以圖 5.2.1 的風險矩陣為例，發生機率分為五個尺度（極低、低、中、高、極高），影響程度也分為五個尺度（可忽略、低、中、高、極高），而最終風險等級則分為四個等級（低、中、高、極高）。舉例來

說，當某風險的發生機率為「低」，但影響程度為「高」時，根據風險矩陣判定，該風險會被評定為「高風險」等級。

然而，這種評估方法的準確性很大程度上取決於評估人員的經驗和風險矩陣的設計結構。例如，當面對兩個同屬「高風險」等級的情況時，風險矩陣可能無法有效區分處理優先性：是該優先處理「極高發生機率但低影響」的風險，還是「高發生機率但中度影響」的風險？又或者應該優先關注「中度發生機率但災難性影響」的風險？這些都需要評估者進一步判斷。

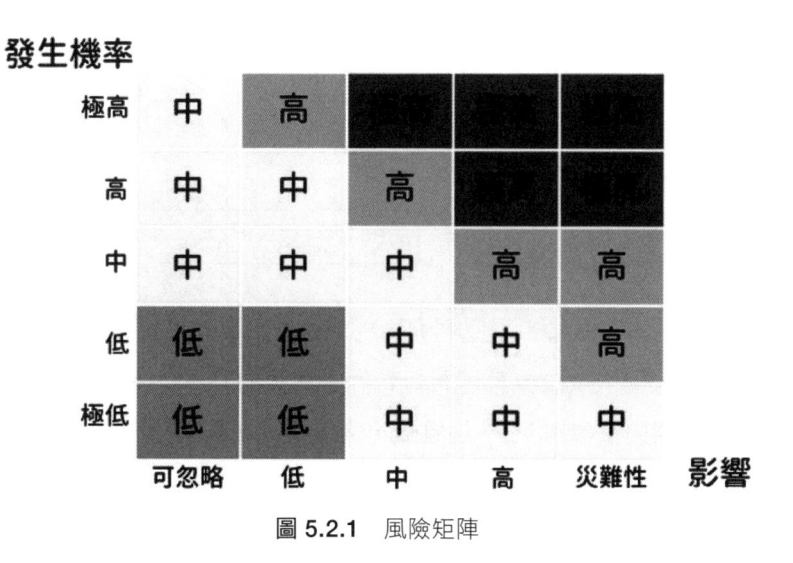

圖 5.2.1　風險矩陣

風險優先排序是根據風險等級來決定處理順序，以確保資源能夠被有效運用。以表 5.2.1 為例，其中列出 10 個已計算風險等級的產品風險，經過排序後我們可以發現最高風險的三項分別是：訂單系統計算錯誤、網路連線異常和使用者操作流程不佳。透過優先排序，我們就能將有限資源優先投入到這些重要風險的處理上。

表 5.2.1　產品風險清單

產品風險	風險等級	排序
使用者資料外洩	1	10
負載過高導致崩潰	4	5
API 整合失敗	3	6
閃退或當機	10	3
搜尋功能異常	2	8
使用者驗證系統漏洞	3	6
訂單系統計算錯誤	25	1
使用者操作流程不佳	15	4
網路連線異常	20	2
人工智慧推薦系統失準	6	4

針對已識別的高風險項目，我們需要制定具體的風險應對策略。常見的應對方法包括：降低風險發生機率（例如執行更完整的測試）、減輕風險影響程度（例如建立錯誤回復機制）、轉移風險（例如委託專業團隊處理），以及接受風險（若風險影響程度極小，可考慮接受並持續監控）。

產品風險分析有助於我們判斷測試的完整性（是否足夠詳盡以發現潛在缺陷）和測試範圍（需要涵蓋的功能、模組、場景與測試類型），確保測試資源得到合理運用。其結果可應用於以下六個構面：

- **確定測試範疇**：判斷各個功能所需要的測試深度。例如，金融系統的支付功能風險較高需完整測試，而行銷推播功能風險較低只需基本驗證。
- **確定測試層級和類型**：決定測試應該在哪個層級執行（單元、系統或驗收測試），以及採用何種測試類型。高風險功能可能需要更多動態測試，低風險部分則以靜態測試為主。

- **選擇測試技術和覆蓋率**：高風險區域應採用更嚴謹的測試技術（例如邊界值分析、決策表測試），確保充分測試覆蓋；低風險區域則可使用較輕量方法（例如探索性測試）。

- **估算測試工作量**：評估所需的時間和資源。高風險區域通常需要更多測試案例和回歸測試，低風險區域則可適度縮減範圍，以節省資源。

- **安排測試優先順序**：優先測試風險較高的區域，及早發現並解決關鍵缺陷，降低後續修復成本。

- **評估額外措施**：考慮測試以外的風險降低方案，例如為高風險的安全系統加入多因素驗證或額外的存取控制機制。

5.2.4 產品風險控制

產品風險控制主要包含兩個部分：風險緩解（Risk Mitigation）和風險監督（Risk Monitoring）。風險緩解是指執行風險評估後所制定的應對措施，目的是降低風險等級。需要注意的是，風險並非靜態不變，而是會隨著產品開發過程持續變化——新的風險可能浮現，既有風險可能解除，或現有風險的嚴重性與發生機率也可能產生變動。因此，風險監督的作用就在於確保緩解措施的效果，透過定期檢視和報告風險狀態，追蹤殘餘風險的變化，及時識別新風險，並適時調整管理策略，確保測試資源能夠合理分配。

當風險被分析後，可以選擇以下四種應對策略，包括：

- **紓緩風險**：採取具體措施來降低風險發生的可能性或減輕其影響，例如擴大測試範圍、增加專案資源或提升團隊技能。

- **接受風險**：當風險影響較小或降低風險的成本過高時，可選擇接受風險。可再細分為主動接受（例如預留應急資金）和被動接受（不採取任何措施）。

- **轉移風險**：將風險責任轉移給第三方（如供應商、外包商或保險公司）。例如透過固定價格合約來控制成本風險。

- **制定應急計畫**：針對無法避免的風險，預先制定應對方案，確保風險發生時能快速反應並維持業務運作。例如建立備用伺服器以應對系統故障，或準備替代供應商以降低供應鏈風險。

測試是一種重要的風險緩解方案（透過識別、驗證和修正缺陷來降低產品風險的發生機率或影響程度）。當風險評估發現產品存在潛在風險時，我們可以透過以下幾種測試策略來有效降低風險：

- **選擇具備適當經驗與技能的測試人員**：根據功能的風險程度分配適當的測試人員，例如將資安、效能等高風險功能交由專業測試人員負責，一般功能性測試則可由較資淺的測試人員執行。

- **應用適當的測試獨立性**：測試的獨立性越高，其可靠性通常也越強，但同時也可能增加成本和溝通複雜度，因此需要根據風險等級來調整獨立性程度。

- **執行審查與靜態分析**：在開發階段就透過程式碼審查來發現潛在問題，並使用 SonarQube 等靜態分析工具來檢測安全漏洞，確保程式碼符合最佳實務。

- **應用適當的測試技術和覆蓋等級**：依據風險等級選擇合適的測試技術，並設定合理的測試覆蓋率標準，確保測試的全面性和深入度。

- **針對產品品質特徵選擇適當的測試類型**：根據不同的品質特徵（例如功能性、安全性、效能、可用性）選擇對應的測試類型，例如針對安全性進行滲透測試與存取控制測試。

- **執行動態測試（包括回歸測試）**：在功能變更後使用自動化測試框架（例如 Selenium、JUnit）執行回歸測試，確保更新不會影響既有功能。

5.3 測試監督、測試控制與測試完成

測試監督、測試控制與測試完成是測試活動管理的核心，提供系統化方法追蹤進度、調整策略和總結成果。測試監督主要透過測試執行率、缺陷檢測率等度量指標來追蹤進度，而測試控制則根據監督所得的結果，適時調整策略和資源配置，確保測試活動順利進行；到了測試完成階段，則對整個測試過程進行總結，為未來工作提供經驗與建議。在這整個過程中，測試進度報告和測試總結報告提供結構化且具體度量資訊，不僅提供決策依據，還確保測試過程的透明度，本章將深入探討這些核心活動及報告應用，幫助讀者全面提升測試管理能力與溝通效率。

學習目標	K Level	內容
FL-5.3.1	K1	回想測試度量指標
FL-5.3.2	K2	總結測試報告的目的、內容和受眾
FL-5.3.3	K2	舉例說明如何傳達測試狀態

5.3.1 測試監督、測試控制與測試完成

測試監督專注於收集與測試相關的資訊，以便評估測試進展狀況並度量是否達成允出標準，以及與測試任務相關的驗收標準是否滿足（例如確認是否已充分覆蓋所有已識別的高風險區域、需求或接受標準）。以網路銀行系統為例，測試團隊特別關注交易模組和客戶資料保護這兩個高風險區域，定期評估測試覆蓋情況和執行成效。測試監督重點在驗證交易模組處理各類資料情境的能力，並確保系統在高併發狀態下仍能維持資料完整性和安全性。為確保系統品質達標，將允收標準設定為「測試案例成功執行率達 95%，且無高嚴重性缺陷」。透過這種系統化的監督機制，團隊能夠及時發現潛在問題並採取必要的改善措施。

測試控制根據測試監督中收集的資訊，透過各種控制命令來優化測試流程並確保測試效率。以下是常見的控制指令：

- **重新排序測試優先性**：根據風險評估結果重新安排測試順序。當發現高風險問題時，及時調整測試重點，優先處理風險較高的模組，確保關鍵問題能得到及時解決。

- **重新評估測試項目**：針對受重工或需求變更影響的項目進行重新審查。確認修改後的功能是否符合測試標準，評估是否具備進入下一測試階段的條件。

- **調整測試計劃**：因應外部因素（例如環境部署延遲）而靈活調整測試活動。可能包括優先執行關鍵測試，或適當延後非核心項目，以降低整體進度受阻的影響。

- **增加資源**：當測試進度受限於資源不足時，評估並調整資源分配。例如在需要時增派測試人員或重新分配現有資源，確保測試活動能按期完成。

測試完成是一個重要的總結性活動，主要聚焦於收集測試數據、整理測試經驗及相關產物，藉此幫助團隊持續改善測試流程，提升未來專案的測試效率與產品品質。測試完成活動通常發生在以下專案里程碑階段：

- **測試層級完成**：於各階段測試（例如單元測試、整合測試或系統測試）結束時進行總結，評估該階段的測試成效。

- **敏捷迭代完成**：每個迭代週期完成後，對該迭代的測試過程與結果進行回顧與檢討。

- **測試專案結束**：無論專案成功完成或提前終止，都需進行完整的測試總結，以累積經驗。

- **軟體系統發佈**：產品部署至生產環境後，記錄與分析產品品質相關的重要數據。

- **維護版本發佈**：在系統維護發佈後，總結修復和改善的測試過程與結果。

5.3.2 測試度量指標

測試度量指標用於展示測試進展是否符合計劃的時間表和預算，受測物的當前品質狀況，及測試活動是否有效達成測試目標或迭代目標。其主要功能可分為以下三個方面：

- **進度追蹤**：評估測試活動的時間和預算執行情況。例如，透過已完成的測試案例數量或剩餘案例數量，可以判斷是否能按計劃截止日期完成；追蹤測試投入資源和實際成本能確保不超出預算。

- **品質評估**：反映受測物的現況，確保產品達到預期品質。可以追蹤缺陷數量趨勢；使用平均故障間隔時間檢查產品穩定性；透過回應時間評估系統處理效率。

- **目標檢查**：度量測試活動的有效性。包括評估測試覆蓋率（需求、使用者故事或程式碼）、驗收標準達成率及缺陷檢測效率，確保成功發現並解決潛在問題。

測試監控會收集多種指標以便支持測試控制和測試完成，表 5.3.1 列出 CTFL Syllabus 提及的測試相關度量指標，但使用度量指標時必須保持謹慎，避免因指標使用不當而導致偏差。最著名的例子是以程式碼行數評估開發人員生產力，這可能會促使設計師刻意增加程式碼行數，讓程式碼變得繁瑣且低效。同樣地，在測試中，如果用審查中發現的議題數量來評估審查者的表現，可能會導致審查者刻意提出瑣碎議題，結果使後續的會議過於冗長且效率低下。因此，選擇和使用度量指標時應格外謹慎，確保指標真正能反映測試的實際價值和成效。

表 5.3.1　測試度量指標

指標類型	測試度量指標
專案進度	任務完成度、資源使用情況、測試工作量
測試進度	測試案例執行進度、測試環境準備進度、執行 / 未執行的測試案例數量、通過 / 失敗的測試案例數量、測試執行時間
產品品質	可用性、回應時間、平均故障間隔時間
缺陷	發現 / 修復的缺陷數量及其優先性、缺陷密度、缺陷檢測百分比
風險指標	殘餘風險等級
覆蓋率	需求覆蓋率、程式碼覆蓋率
成本指標	測試成本、組織品質成本

測試有效性（Test Effectiveness）是評估測試團隊在發佈前發現缺陷能力的重要指標。例如，在一個專案中，測試階段發現 80 個缺陷，產品上線後使用者又報告 20 個缺陷，計算後得出測試有效性為 80%。這意味著測試團隊能在測試階段發現大部分缺陷，僅有少數缺陷在上線後被發現。此指標不僅量化測試活動的成效，也為團隊未來的測試策略改善提供重要參考。

$$測試有效性 = \frac{測試發現的缺陷數量}{所有缺陷數量}$$

所有缺陷數量 = 測試發現的缺陷數量 + 使用者發現的缺陷數量

缺陷移除效率（Defect Removal Efficiency, DRE）是度量測試團隊處理缺陷速度的關鍵指標。以一個測試階段為例，團隊檢測並修復 50 個缺陷，總耗時 80 小時（檢測 40 小時、修復 30 小時、重測 10 小時）。計算結果顯示，缺陷移除效率為 0.625 缺陷 / 小時，意味著團隊每小時能有效處理約 0.625 個缺陷；同時，缺陷處理週期平均需要 1.6 小時。這些指標不僅量化測試團隊的工作效率，也為流程持續最佳化提供具體依據。

$$缺陷移除效率 = \frac{移除的缺陷數量}{耗費時間}$$

$$耗費時間 = 檢測時間 + 解決時間 + 重新測試時間$$

$$缺陷處理週期時間 = \frac{1}{缺陷移除效率}$$

5.3.3 測試報告的目的、內容與受眾

測試報告是用來記錄和傳達測試活動的重要工具，分為兩種主要類型：測試進度報告（Test progress reports）和測試總結報告（Test Completion Report）。在測試執行期間，測試進度報告會持續追蹤並記錄測試活動的狀態，提供即時且完整的資訊，使測試團隊能夠及時發現計劃偏差，並據此調整測試時程、資源分配或測試計劃；當測試活動結束後，則會產出測試總結報告，全面回顧整個測試過程的執行成果，總結經驗教訓，並為未來的測試活動提供寶貴的參考依據。

測試進度報告的主要受眾為同一團隊成員，採用較為靈活且非正式的方式，並以較高頻率更新內容；同時，測試團隊也需定期向專案相關利害關係人提供報告，以確保專案資訊的透明度和進度的可追蹤性。一份完整的測試進度報告通常包含六個重要欄位（將在表 5.3.2 中詳細說明）。值得注意的是，在 ISO/IEC 29119-3 標準中，這類報告被正式稱為「測試狀態報告」（Test Status Report）。

表 5.3.2　測試進度報告的欄位說明

欄位	說明
測試期間	測試進度報告所涵蓋的時間範圍，例如一個衝刺週期或指定的測試期間。
測試進度及任何顯著偏差	描述測試計畫中的執行進展，包括完成的測試按例數量、達成里程碑及與計畫相比的任何顯著偏差。
測試障礙與應對措施	詳述在測試期間遇到的阻礙或問題（例如環境故障、資源不足），並說明已採取的解決措施以克服這些挑戰。
測試指標	提供關鍵測試度量指標，例如已完成測試案例數量、已發現缺陷數量、缺陷修復數量及測試覆蓋率等。
測試期間內新的或變化的風險	記錄測試期間的新風險或風險變更，以及其對測試的影響與應對策略。
接下來的測試規劃	描述下一測試期間的計畫，包括測試活動、資源分配和重點領域，以確保按時完成並達成目標。

在敏捷開發團隊中，測試人員主要是在每日站立會議上口頭報告測試進度；然而，當需要向外部利害關係人溝通時，團隊也會採用輕量化書面形式，例如定期發送電子郵件或在 Wiki 平台上更新進度資訊。關於測試進度報告的具體形式，我們可以參考表 5.3.3 中傳統專案的報告範例，以及表 5.3.4 中敏捷專案的報告範例，以瞭解兩種不同開發方法下的報告特點。

表 5.3.3　傳統專案：測試進度報告

報告期間	2025/1/25 - 1/31
測試進度及任何顯著偏差	• 系統測試如期執行，登入模組的測試活動已按照既定計劃順利展開。 • 由於測試環境中關鍵元件的部署延遲，轉帳模組的測試執行有所滯後，進度未完全符合預期。 • 截至 1 月 31 日，測試案例完成比例達 70%，僅剩 15 個尚未完成的測試案例，這些未完成的測試案例主要受限於轉帳模組的環境部署延遲。

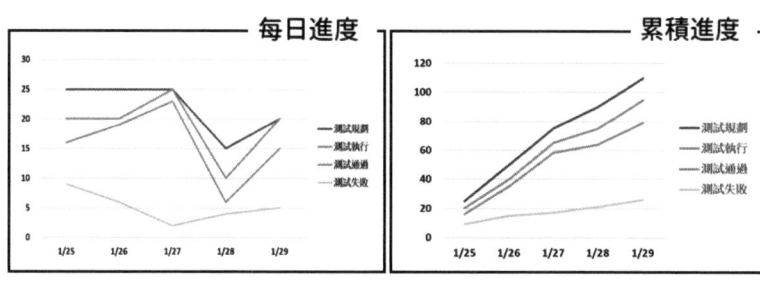

	• 為了達成 2 月 10 日系統測試完成的目標，測試團隊將於 2 月 1 日新增一名測試人員以補強資源並加速測試執行。 • 截至目前，已識別 25 個缺陷，其中 20 個屬於低嚴重性，其餘 5 個中等嚴重性缺陷已交由相關開發團隊修復處理。
障礙與應對措施	• 障礙：轉帳模組測試環境仍在部署中，預計於 2 月 2 日完成。 • 應對措施：提高單元測試的覆蓋率，採用邊界值分析與等價類劃分等測試設計技術，進一步降低缺陷發現與修復成本。
測試指標	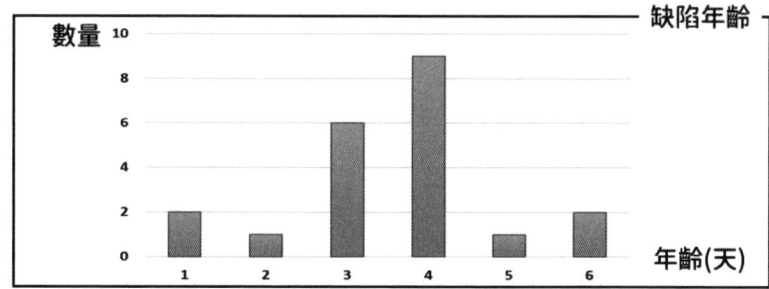 （每日進度、累積進度、缺陷年齡 圖表）
新的或變化的風險	• 轉帳模組的延遲發布可能進一步影響整體測試進度。為降低此風險，測試團隊已新增一名測試人員以提高測試執行效率，並將此風險詳細記錄於專案風險清單中，以便進一步監控。
接下來的測試規劃	• 測試團隊將專注於登入模組的測試，預計下週五前轉帳模組成功部署至測試環境後，立即啟動對該模組的測試工作。 • 後續測試計劃將涵蓋性能測試、安全測試及跨模組的整合測試，確保系統所有核心功能的穩定性與可用性。

表 5.3.4　敏捷專案：測試進度報告

測試進度 – Sprint 3（第 8 天）	
當前 Sprint	• 已驗收完成的使用者故事：15 • 未通過測試的使用者故事數量：4 • 今日執行的使用者故事數量：5
風險與議題	• 測試環境問題：第三方介面連接問題導致測試環境停擺 4 小時，本次 Sprint 累計停擺 6 小時，需快速處理避免影響後續計劃。 • 可用性測試延遲：因資源不足導致延遲，計劃已調整，預計本週四啟動，累計延遲 7 天。 • 安全問題進展：系統登錄安全性問題已修復並提交驗證，需進一步測試以確保穩定性。
阻礙與解決措施	可用性測試工具部署延遲，導致測試進度受阻。採用臨時工具維持進度，並與開發團隊合作加速解決。

測試總結報告主要用於彙整測試成果、評估測試目標達成度及功能符合性，以支援產品發布或下階段開發的決策。此報告採用標準化範本格式，通常在專案完成、特定測試層級或測試類型結束時提交一次，且必須符合既定的允出標準（例如達到要求的測試覆蓋率）。報告內容整合自測試進度報告及相關資料（如測試案例執行率），以提供明確的測試結論作為決策依據。一份完整的測試總結報告包含七個主要欄位，詳見表 5.3.5，表 5.3.6 和表 5.3.7 則分別提供傳統專案和敏捷專案的報告範例供參考。

表 5.3.5　測試總結報告的欄位說明

欄位	說明
測試結果摘要	總結測試成果，包括測試案例執行狀況、測試覆蓋率及主要結果。

欄位	說明
基於測試計劃的測試與產品品質評估	評估測試活動與產品品質，驗證允出標準是否達成及產品品質水準。
偏離測試計劃的差異	記錄與測試計劃的差異，如未完成項目、進度延遲或範圍變更的原因。
測試障礙與應對措施	描述測試障礙（如資源不足、環境問題）及採取的解決措施。
基於測試進度報告的測試指標	匯總測試指標，如執行率、檢測率、修復率及覆蓋率，評估測試效率與品質。
未解決風險與未修復缺陷	列出未解決的風險與缺陷，並分析其影響。
與測試相關的經驗學習	總結測試經驗與教訓，包括成功案例、不足及改善建議。

表 5.3.6　傳統專案：測試總結報告

專案名稱：Bank 產品 App 子專案
報告名稱：系統測試完成報告（版本 1.1）
日期：2025 年 2 月 15 日
撰寫人：王大明（測試經理）
核准人：李小紅（專案經理）

欄位	內容
測試結果摘要	總執行測試案例數量：500 測試通過率：92% 未通過測試案例數量：40 高優先級缺陷修復：35 項（顯著提升系統穩定性）
基於測試計劃的測試與產品品質評估	• 測試覆蓋率達到 95%，充分滿足測試計劃目標。 • 轉帳和賬戶查詢等核心功能已完成全面測試，結果符合系統規範。顯示系統可有效承載預期使用者人數。 • 已通過 WCAG 2.1 AA 級規範，確保良好使用者體驗並符合無障礙設計。

欄位	內容
偏離測試計劃的差異	部分轉帳模組測試 因環境部署問題延遲 2 天，測試進度稍有滯後。性能測試未能完全覆蓋計劃負載，補充測試將於運行階段完成。
測試障礙與應對措施	第三方 API 連接不穩定問題：採用模擬測試工具降低測試延遲。同時進行連接問題修復，確保測試工作順利推進。 測試環境資源不足：已臨時擴充測試環境資源。同時最佳化化資源調度機制，防止資源不足情況再次發生。
基於測試進度報告的測試指標	缺陷檢測率：75% 缺陷修復率：88% 測試案例執行完成率：96%
未解決風險與未修復缺陷	• 性能風險：在高併發條件下，系統偶有延遲超出預期的情況。建議進行性能優化，以提升系統穩定性和回應速度。 • 未修復缺陷：目前有 4 個低優先性的功能缺陷已獲得客戶諒解，這些問題已納入後續修復計劃中。
與測試相關的經驗學習	• 人員培訓：測試人員需完整系統培訓以提升效率。 • 工具應用：善用模擬工具，確保環境貼近實際場景。

表 5.3.7　敏捷專案：測試總結報告

測試總結報告：團隊 A
Release：1
Sprints：1 ~ 3

欄位	內容
已完成的測試	測試活動覆蓋所有使用者故事，並針對系統關鍵模組完成功能、性能、安全性等測試。相容性測試確保系統在多種裝置與瀏覽器上的正常運作。
測試計劃偏差	性能測試延遲已延遲 9 天，預計重新分配開發人員支援測試任務，確保測試順利進行。

欄位	內容
測試完成評估	所有使用者故事已成功完成，高優先性測試項目全數通過。產品整體符合發布標準，核心功能驗證完備。系統已具備上線條件。
阻礙進度因素	包括性能測試負責人請假影響進度、測試環境不穩定導致工作中斷、客戶需求變更引發相容性問題等情況。
測試量化指標	詳細資訊已記錄於敏捷團隊 Wiki，關鍵功能測試通過率達標，自動化測試覆蓋率符合預期。
殘餘風險	安全性風險方面，高併發情況下存在潛在資源競爭問題，建議進行額外滲透測試。系統穩定性需持續監控，效能優化空間仍需評估。
經驗學習	參見 Wiki 回顧紀錄（含資源備援、環境管理及流程最佳化建議）。

5.3.3 傳達測試狀態

測試狀態的溝通方式會根據測試管理需求、組織策略、法規要求或自我我組織團隊的特性而有所不同。以下 5 種是一些常見且易於理解的溝通方式：

- 口頭溝通：直接與團隊成員及利害關係人對話，例如在站立會議或小組討論中，此方式具備高互動性，能快速回應問題並確保所有成員保持一致。

- 儀表板：使用儀表板可以即時視覺化測試進度，例如任務完成比例或缺陷數量。適用於需要快速掌握整體進展的情境，例如 CI/CD 儀表板、任務看板和燃盡圖。

- 電子通訊管道：電子郵件和即時聊天工具提供異步溝通的可能性，適合分布式團隊進行持續更新。不僅能記錄歷史資訊，也可確保團隊成員能根據需要隨時查閱。

- 線上文件：將測試相關資訊集中存放在 Wiki 或共享文件中，有助於團隊在跨時區合作或長期專案中保持一致。

- **正式測試報告**：提供詳細且結構化的測試進展分析，適合需要遵守法規或進行外部審查的專案。正式報告能展現測試的專業性和透明性。

表 5.3.8 為上述溝通方式的比較，在實務中，可以結合多種方式應用，特別是在地理分散或時區差異的團隊中，更正式的溝通方式可以有效彌補互動限制。例如，正式報告詳述測試進展和風險狀態，讓成員在不同時間點理解核心資訊；線上文件集中存放並即時更新資料，方便快速查閱；電子郵件則在在非即時溝通中提供完整記錄，確保資訊傳遞無誤。這些溝通方式不僅克服地理和時間障礙，更確保所有成員清楚瞭解測試狀態，並及時採取相應行動。

表 5.3.8　溝通方式的比較

方式	優點	限制
口頭溝通	即時交流，快速解決問題	不適合地理分散或時區不同的團隊
儀表板	視覺化呈現，直觀清晰	需持續更新，初次設置可能較耗時
即時通訊管道	提供溝通紀錄，成員可隨時查閱	不適合需要即時回應的情況
線上文件	資料集中存放，便於查閱	需要定期維護，可能會導致資訊過時
正式測試報告	詳細分析，專業性強，適合正式場景	準備和撰寫較耗時，內容可能不適合即時性需求

不同的利害關係人對測試資訊有不同的關注重點，因此溝通方式應根據各自的需求量身定制，表 5.3.9 舉例四種利害關係人的資訊需求及建議溝通方式：

表 5.3.9　利害關係人的資訊需求及建議溝通方式

利害關係人	關注點	需要的資訊	建議的溝通方式
開發人員	缺陷位置、失敗原因、快速修復	失敗測試的細節、錯誤日誌、問題相關功能	即時聊天工具（快速溝通問題細節）、線上文件（記錄錯誤細節和修復建議）

利害關係人	關注點	需要的資訊	建議的溝通方式
測試經理	測試覆蓋率、進度、風險評估	測試完成進度、剩餘測試量、高風險區域	儀表板（測試進度、覆蓋率、缺陷數量）、正式測試報告（風險與結果分析）
客戶代表	功能是否滿足需求、是否影響用戶體驗	用戶場景的測試結果、重大缺陷及其影響	測試結果摘要（突顯用戶影響）、口頭溝通（會議或演示）
高層管理者	專案進度、主要風險、資源需求	測試完成百分比、主要阻礙因素、資源需求	簡潔的正式測試報告（突顯風險與需求）、儀表板摘要（進度與風險概覽）

5.4 構型管理

隨著軟體系統日益龐大和複雜，傳統的手動追蹤和管理方法已難以應對快速迭代和持續交付的需求。構型管理提供一個系統化的方法，使團隊能夠有效追蹤、控制和優化軟體開發過程中的每一個工作產品。本章將深入探討構型管理的核心概念、實務策略和在軟體測試中的重要性，幫助讀者建立全面的管理視角，從而在日益複雜的技術環境中保持專案的可追溯性、一致性和靈活性。

學習目標	K Level	內容
FL-5.4.1	K2	構型管理如何支援測試

5.4.1 構型管理

構型管理（Configuration Management, CM）是一種系統化方法，用於追蹤和控制軟體開發過程中的各種工作成果。在測試領域，測試計畫、測試策略、

測試條件、測試案例、測試腳本、測試結果、測試日誌和測試報告，皆被視為構型項目（configuration items）。對於測試環境等複雜構型項目，構型管理記錄其組成部分、相互關係及版本資訊。當構型項目被批准用於測試時，將設置為基準版本（Baseline），此後任何修改均須遵循正式的變更控制流程。

建立新基準時，構型管理會詳細記錄有變更的構型項目，並保留回溯至先前基準版本的能力，以重現測試結果。如圖 5.4.1 所示。例如，當一組測試環境配置完成並審核通過後，將被標記為基準版本。此後，若需進行任何更新（例如將 MySQL 升級到 8.5 版），必須提交正式的變更請求，經影響評估和審核後執行，並完整記錄版本變更。基準版本在故障排查中至關重要。例如，當測試人員在壓力測試中發現異常時，測試人員可輕鬆回溯至原始環境配置，重現問題並進行分析。如果沒有這種系統化的管理，環境的任意變更將使問題追蹤變得極其困難，並直接降低測試結果的可靠性和可重現性。

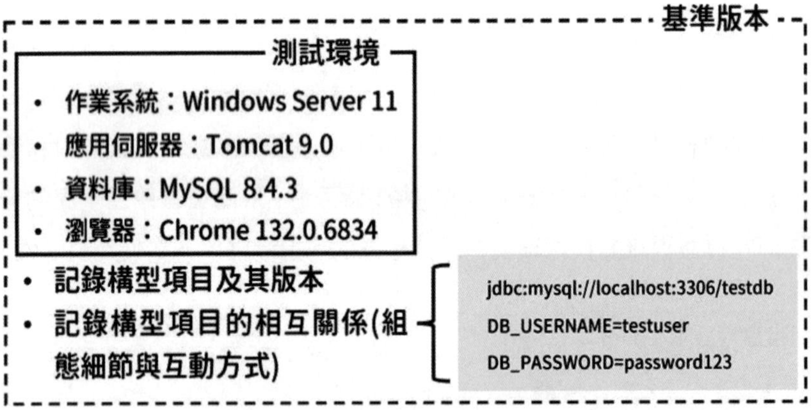

圖 5.4.1　構型管理基準版本的功能

構型管理需確保所有構型項目具備唯一識別碼、版本追蹤與關聯性，以支援測試流程各階段的可追溯性，並確保所有已識別構型項目能在測試相關產物中清楚引用。為有效實現構型管理，業界廣泛採用各類工具支援，例如 Git 和 Subversion（SVN）可用於追蹤構型項目的版本變更，確保歷史記錄完整且可

回溯；Jenkins、GitLab CI/CD 與 GitHub Actions 則可實現持續整合與自動化部署，進一步提升測試與發佈效率。

在 DevOps 流程中，構型管理扮演關鍵角色，主要提供三大支援：

- **環境一致性**：確保測試、發布與生產環境配置一致，降低因環境差異而導致問題的風險。
- **變更追蹤與回溯**：支援變更版本的追蹤、比較與回退（Rollback），提升故障排除與恢復效率。
- **部署效率**：透過自動化流程減少手動操作錯誤，加速部署並提升流程穩定性。

持續整合、交付和部署是自動化 DevOps 流程的重要組成，而自動化構型管理是其中不可或缺的環節。

5.5 缺陷管理

本章深入探討缺陷管理，幫助讀者理解其流程與目標。透過學習，讀者將掌握從缺陷發現到關閉的完整處理過程，確保缺陷有效追蹤和解決，促進專案團隊協作。缺陷報告的主要目標包括提供足夠資訊以修復問題、追蹤工作產品品質，並為流程改善提供依據。以網路銀行案例為例，正式報告適用於高規範與完整記錄的情境，非正式報告則更靈活高效，特別適合敏捷專案環境。

學習目標	K Level	內容
FL-5.5.1	K3	準備缺陷報告

5-53

5.5.1 缺陷報告

測試的主要目標之一是發現缺陷，因此建立完善的缺陷管理流程至關重要。報告的異常需要進一步判定是否為真正缺陷。異常在軟體開發生命週期的不同階段會以不同形式被發現並記錄，這取決於開發模型的特點。例如，在瀑布式模型的需求階段可能發現需求文件中的不一致，而在敏捷模型的測試階段可能發現 API 回傳的資料格式與預期不符。

缺陷管理流程至少應包括以下二個內容：

- **缺陷處理工作流程**：從缺陷或異常的發現到關閉的處理流程，追蹤每份缺陷報告所經歷的狀態與活動。每個狀態都有指定負責人推動缺陷報告進入下一個階段，直至最終關閉。工作流程主要包含四個關鍵活動：
    - 記錄已報告的異常
    - 分析與分類異常
    - 決定應對措施（例如修復或維持現狀）
    - 關閉缺陷報告
- **分類規則**：按缺陷嚴重性或修復優先性（高／中／低）或缺陷類型（功能性缺陷與安全性缺陷等）進行分類，有助於團隊更有效地理解和管理缺陷。

所有相關利害關係人都必須遵守此流程。並且以相同方式處理靜態測試（特別是靜態分析）中發現的缺陷。缺陷處理工作流程會因專案或公司情境而異，以適應特定需求和規範。圖 5.5.1 顯示具備 5 個活動的缺陷工作流程。

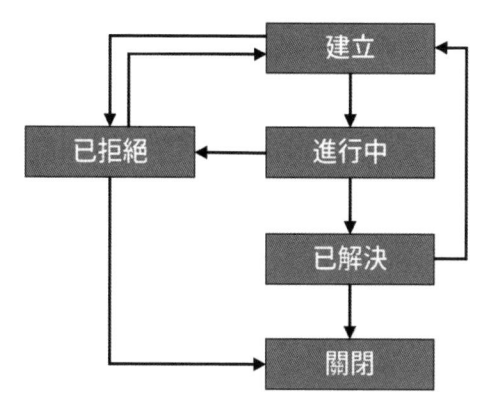

圖 5.5.1　缺陷工作流程

異常未必是真正缺陷，需要透過缺陷工作流程進一步調查。調查結果可能是真正缺陷（實際結果與預期結果間的差異）、誤報（例如系統誤解）或變更請求（例如需求變更）。在 ISO/IEC 29119-3 標準中，缺陷報告被稱為事件報告（Incident Reports），這是一個更中立的術語，涵蓋所有異常情況，不預設結論。

缺陷報告的主要目標：

- **向負責處理和解決缺陷的人員提供足夠資訊以便解決議題**：透過詳細描述缺陷和提供輔助資訊（例如日誌和重現步驟），開發人員可快速定位問題根源，縮短修復時間。

- **提供追蹤工作產品品質的方式**：使用工具（例如 JIRA 或 Bugzilla）記錄缺陷狀態，提供透明化資料（例如已解決 90% 的關鍵缺陷），幫助利害關係人了解產品當前品質。

- **提供（開發和測試）流程改善的想法**：在回顧會議中提出具體建議（例如導入靜態分析工具或實施冒煙測試），提升開發和測試效率，減少未來專案中的缺陷數量與影響。

在動態測試期間記錄的缺陷報告應包含以下 11 項資訊（見表 5.5.1）。此外，表 5.5.2 和表 5.5.3 分別提供網路銀行的正式缺陷報告範例，以及適用於敏捷專案環境的非正式缺陷報告範例，以便讀者理解和實際應用。

表 5.5.1　缺陷報告的必要資訊

欄位名稱	說明
識別碼	缺陷的唯一識別碼以便追蹤與管理
異常的簡要標題	簡短描述缺陷的核心問題或異常行為
異常發現日期、提交組織及提交者（含角色）	記錄缺陷發現日期，提交該報告的組織名稱，及提交者的姓名與角色
受測物與測試環境的識別	受測試的對象與執行測試時的環境配置
缺陷背景資訊	提供缺陷發生時的背景描述，包括執行的測試活動與相關資訊
失效描述	詳細描述缺陷的表現及其重現步驟（例如測試步驟、輸入、日誌或截圖）
預期結果與實際結果	測試應達成的預期行為與實際觀察到的行為差異
缺陷嚴重性	對利害關係人或需求的影響程度（例如：高、中、低）
修復優先性	評估缺陷修復的優先順序（例如：高、中、低）
缺陷狀態	當前缺陷處理進度，例如：推遲、修復中、已關閉
參考資料	與該缺陷相關的附加資訊，例如測試案例、需求文件或設計規範的連結

表 5.5.2　正式缺陷報告

欄位名稱	內容
識別碼	DEF-00123
異常的簡要標題	ATM 提款超過每日限額無提示

欄位名稱	內容
異常發現日期、提交組織及提交者（含角色）	2025/01/25 提交組織：XYZ 銀行測試部門 提交者：Alice Chen（測試工程師）
受測物與測試環境的識別	受測物：ATM 系統 測試環境：測試伺服器，資料庫 MySQL 8.0，ATM 模擬器版本 v1.2
缺陷背景資訊	測試 ATM 提款功能，使用「測試帳號 12345」，該帳戶每日提款限額為 10,000 元
失效描述	測試人員嘗試提款 12,000 元時，交易成功，但系統未提示超額或拒絕交易
預期結果與實際結果	預期結果：提款超過每日限額時，系統應提示「超出限額」並拒絕交易 實際結果：提款成功，無提示
缺陷嚴重性	高（涉及金融風險，可能導致超額提款並影響銀行客戶資產安全）
修復優先性	高（需立即修復以避免影響客戶的資產安全）
缺陷狀態	建立
參考資料	測試案例 TC-ATM-001，需求文檔 BANK-REQ-ATM-010

表 5.5.3　非正式缺陷報告範例

欄位名稱	網路銀行轉帳超過每日限額未提示錯誤
使用者故事	**As** 一位網路銀行客戶 **I want to** 能進行日常轉帳操作 **So that** 我的每日轉帳符合限額並正確處理
驗收標準	**驗收標準 1：** **Given** 輸入金額未超過每日限額 **When** 使用者點擊「提交」按鈕 **Then** 系統應成功處理轉帳

	驗收標準 2：
	Given 輸入金額超過每日限額
	When 使用者點擊「提交」按鈕
	Then 系統應提示「金額超過每日限額」錯誤訊息，並拒絕交易
預估工時	3 點
優先性	高
狀態	開發中
說明	[測試人員 John Doe，2025/01/25 下午 3:15]： **驗收標準 2：測試失敗** 當輸入金額超過每日限額（每日限額為 50,000 元，測試金額為 55,000 元）時，系統成功完成交易，並未顯示錯誤提示 **缺陷嚴重性**：此缺陷嚴重，因為可能導致超額轉帳，影響銀行客戶資金安全 **優先性**：1（必須立即修復） **修復具體需求**：缺陷必須修復後才能將使用者故事標記為已完成。使用者故事已退回至「開發中」狀態以便進行修復

CHAPTER 06

測試工具

6.1 測試工具如何支援測試活動

6.2 測試自動化的風險與效益

本章將帶領讀者認識測試工具在軟體測試中的角色與應用。測試工具能支援多種測試活動，例如測試管理工具可用於規劃與追蹤、靜態測試工具能早期發現潛在問題，而協作工具則提升團隊溝通與資訊共享效率。測試工具雖能提高測試效率並支援重複測試，但若使用不當或期待過高，可能帶來風險。因此，理解測試工具的優勢、風險及正確應用方式，對成功導入至關重要。本章將幫助讀者掌握測試工具的核心價值，為提升測試效能與產品品質奠定基礎。

本章包含二個主題（涵蓋 2 個學習目標），這些內容組成 2 道考題的命題範圍。

- 回想測試自動化的風險與效益
- 解釋不同類型測試工具如何支援測試活動

K Level	學習目標	考題數量
K2	6.1.1 解釋不同類型測試工具如何支援測試活動 *	1
K1	6.2.1 回想測試自動化的風險與效益 *	1

* 必考一題

6.1 測試工具如何支援測試活動

測試工具在軟體測試中扮演重要角色，它不僅能確保測試活動的一致性，還能自動化執行重複性工作，甚至處理一些無法手動完成的測試活動。雖然測試工具的分類方式沒有統一標準，但常見的分類方式包括所支援的測試活動（例如測試設計、執行、分析）、測試類型（例如功能性測試、性能測試）及授權模式（例如共享軟體、免費軟體、商業軟體）等。深入瞭解各類測試工具的特性和應用場景，能幫助測試團隊選擇最符合專案需求的工具，從而提升測試效率並確保軟體品質。

06 測試工具

學習目標	難度	內容
FL-6.1.1	K2	解釋不同類型測試工具如何支援測試活動

6.1.1 測試工具

測試工具支援並促進許多測試活動的進行。以下列出 CTFL Syllabus 所提及的 9 種類型工具：

- **測試管理工具（Test management tools）**：輔助管理軟體開發生命週期、需求、測試、缺陷及構型，提升測試流程的效率和效能，並支援追蹤和報告功能，確保測試活動的全面性與透明性，常見的測試管理工具如表 6.1.1。

表 6.1.1　測試管理工具

管理方向	常見軟體
軟體開發生命週期	ALM、Test Rail、TestLink
需求	DOORS、JIRA、codebeamer
測試案例	Zephyr Scale、Xray for JIRA、qTest
缺陷	JIRA、Redmine、Bugzilla
構型	SVN、CSV、GIT

- **靜態測試工具（Static testing tools）**：靜態測試工具支援測試人員執行審查和靜態分析，協助發現程式碼中的潛在問題。這些工具能在程式碼未執行的情況下，檢查程式碼的結構、品質與安全性。常見工具包括 SonarQube、Coverity 和 Polyspace，分別用於程式碼品質檢查、早期發現缺陷及檢測嵌入式系統中潛在的運行錯誤。這些工具為開發和測試團隊提供高效的問題定位能力，顯著提高軟體的可靠性和安全性。

- 測試設計與測試建置工具（Test design and test implementation tools）：協助產生測試案例、測試資料及測試程序。例如 SpecFlow 使用淺顯易懂的 Gherkin 語法來撰寫需求與測試案例，讓團隊成員更容易理解並參與測試設計；而 Mockaroo 則可自動產生大量符合需求的測試資料，幫助測試人員有效驗證各種邊界條件與異常情境。

- 測試執行與測試覆蓋工具（Test Execution and Coverage Tools）：能自動化執行測試並度量測試覆蓋率，不僅提升測試效率，還能確保測試範圍的完整性。市面上有多樣化的工具可供選擇，例如支援關鍵字驅動測試的 RobotFramework 及適合功能性測試的 UFT（Unified Functional Testing）。此外，一些整合式開發環境（IDE），例如 IntelliJ IDEA 與 Eclipse，也內建支援單元測試，方便開發者直接於開發流程中進行測試。在測試覆蓋率方面，Java 開發可使用 JaCoCo 和 Cobertura 產生詳細的覆蓋率報告，而 Python 則可使用 pytest-cov 進行度量。這些工具不僅可以單獨使用，還能與持續整合／持續交付（CI/CD）流程整合，有效確保測試的完整性並提升軟體品質。

- 非功能性測試工具（Non-functional Testing Tools）：主要用於評估軟體的非功能性品質特徵，這些特徵在 ISO/IEC 25010 標準中被歸納為八類：效能效率、相容性、互動能力、可靠性、資訊安全、可維護性、靈活性、安全性。這類工具能執行人工難以完成的測試任務，確保系統在各種環境和條件下都能穩定運作。市面上有多樣化的工具可供選擇，例如用於性能測試的 JMeter（可模擬高負載情況）和 LoadRunner、用於安全性測試的 OWASP ZAP（可識別應用程式漏洞）、評估可用性的 Crazy Egg，以及進行跨平台相容性測試的 BrowserStack 等。這些工具為非功能性測試提供全面支援，幫助開發團隊有效提升產品品質並降低風險。

- DevOps 工具（DevOps tools）：主要用於支援 DevOps 開發模式下的交付管道、工作流追蹤、自動化構建及持續整合／持續交付（CI/CD），能

有效加速軟體開發流程並提高部署效率。常見的工具如 Jenkins 和 GitLab CI/CD，它們能自動化構建與部署流程，確保軟體在不同環境中的一致性與可靠性。隨著資訊安全意識提升，DevSecOps 工具也逐漸普及，例如用於檢測依賴項漏洞的 Snyk 和管理容器安全的 Aqua Security，這些工具將安全性測試整合到 DevOps 流程中，在快速交付與安全保障之間取得平衡。

- 協作工具（Collaboration Tools）：致力於促進團隊間的溝通與協作，提升工作效率和資訊共享效果。特別是在 COVID-19 疫情期間，隨著遠端工作需求大幅增加，這類工具的重要性更加突顯。常見的協作工具如 Slack 和 Microsoft Teams，它們提供即時通訊、檔案共享等功能，還能整合其他應用程式，幫助分散各地的團隊成員保持緊密聯繫，即使在遠距工作的情況下也能確保工作順暢進行，實現高效協作。

- 支援可擴展性與部署標準化的工具（Tools Supporting Scalability and Deployment Standardization）：主要用於提升測試環境的靈活性與效率，在大型或經常變動的專案中特別重要。這類工具包含虛擬機器（Virtual Machines）和容器化工具（Containerization Tools），能快速建立一致的測試環境並支援大規模擴展。其中，Docker 作為熱門的容器化工具，可簡化應用程式及其依賴項的部署，確保在不同環境中的一致性；而 Kubernetes 則提供容器的自動化調度與管理功能，有效支援複雜系統的擴展和維護，使測試團隊能快速建立、調整和維護測試環境，以因應動態需求並提高整體測試效率。

- 其它支援測試的工具（Any Other Tool That Assists in Testing）：在特定測試情境下，一些通用工具也能有效輔助測試活動的進行。例如 Excel 試算表常被用來設計測試案例、記錄測試數據，並輔助製作測試報告；XMind 心智圖工具可以視覺化呈現測試範疇或需求，幫助測試人員更清晰地理解和規劃測試活動；而像 ScreenPal 抓圖工具則能快速擷取測試過程中的錯誤畫面，方便製作缺陷報告的圖片證據，大幅提升團隊溝通效率。

6.2 測試自動化的風險與效益

測試工具如同「水能載舟，亦能覆舟」，效益與風險並存。當妥善運用時，它能大幅提升測試效率、降低人為錯誤並加速產品上市，為軟體開發提供強大支援；但若使用不當或過度依賴，反而可能造成高額維護成本、產生不切實際的期望，甚至忽略需要人工判斷的關鍵細節。因此，只有正確理解測試工具的優勢與潛在風險，並在實務應用中取得平衡，才能充分發揮其價值，避免對專案造成不必要的負面影響。

學習目標	難度	內容	考題數量
FL-6.2.1	K1	回想測試自動化的風險與效益	1

6.2.1 測試自動化的效益

妥善利用測試工具能顯著提升測試效率與品質，為軟體開發流程提供強大的支援。以下列出 CTFL Syllabus 提及的 6 項潛在效益：

- **節省時間**：減少重複性的人工工作，例如執行回歸測試、重複輸入相同的測試資料、比對預期與實際結果的差異，或檢查程式碼是否符合撰寫標準（例如使用 Flake8 檢查 Python 程式碼是否遵循 PEP 8 指南）。

- **減少人為錯誤**：提升一致性與可重複性。例如，測試工具能系統性地根據需求衍生測試，並自動生成測試資料（例如 Mockaroo 可根據指定的欄位類型與格式產生測試資料，包括姓名、地址、電話號碼等），確保以相同順序與頻率執行測試。

- **提供客觀評估**：執行人工難以完成的測試度量（例如覆蓋率計算）。例如，當需要計算 1 萬行程式碼的分支測試覆蓋率時，使用 JaCoCo 這類工具能大幅提升效率，避免冗長的人工計算。

- **便於存取測試資訊**：支援測試管理與報告，提供測試進度、缺陷和執行時間等統計資料、圖表和彙總資訊，幫助決策者快速掌握測試狀況。

- **縮短測試時間**：加快缺陷檢測速度，提供更即時的回饋，進而縮短產品上市時程。

- **增加測試設計時間**：減輕測試執行的負擔，讓測試人員能投入更多時間於設計新的、更深入且更有效的測試方案。

6.2.2 測試自動化的風險

圖 6.2.1 呈現測試自動化中常見的潛在風險與迷思。許多人往往高估自動化的簡單性與效率，誤以為導入後就能立即見效，忽略開發、維護與持續最佳化所需的大量時間與資源。事實上，自動化並非「一次完成、永久無憂」的萬靈丹，而是一項需要長期投入與精心管理的工程。另一個常見的錯誤認知是低估隱藏成本，實際上，自動化工具的除錯與維護工作，有時甚至比手動測試更為耗時費力。因此，若要真正發揮測試工具的效益，不僅需要選擇合適的自動化目標，還必須做好充分規劃並持續投入資源，才能讓測試自動化發揮長期且穩定的價值。

圖 6.2.1　自動化的潛在風險與迷思

CTFL Syllabus 提出以下 7 項與使用測試工具相關的風險,這些風險在導入工具時值得讀者審慎評估與思考,以避免產生不必要的成本或影響測試成效,包括:

- **對工具效益的不切實際期望**:例如功能和易用性的期望不切實際。期望測試工具能自動生成所有可能的測試案例,而無需人工干預,但實際上工具仍需要使用者提供詳細的輸入條件和測試邏輯。

- 時間、成本及努力估算不準確：低估導入工具、維護測試腳本及改變現有手動測試流程所需的資源。

- 不當使用測試工具：在手動測試更適合的情況下仍使用自動化工具。例如用自動化工具測試介面可用性，忽略人工判斷更有效的場景。

- 過度依賴工具：忽視需要人工批判性思維的情境。例如依賴工具自動產生測試報告，但未進一步對報告內容進行人工分析。

- 對工具供應商的依賴：例如供應商可能倒閉、停止更新，或提供不足的技術支援，影響工具的可用性。

- 使用開放程式碼軟體的潛在問題：例如開放程式碼專案被廢棄或更新停滯，導致無法滿足新需求，或其內部元件需頻繁更新，增加維護成本。

- 工具與開發平台不相容：導致測試無法正常進行。例如 Selenium 無法直接支援應用 Flutter 框架所開發的軟體。

- 選擇不合適的工具：未符合法規要求或安全標準的工具可能帶來額外風險。例如選用未通過 GDPR 合規檢查的工具，可能引發法律風險。

Note

07

CHAPTER

章節模擬試題與答案解析

7.1 章節模擬試題

7.2 章節模擬試題答案解析

7.1 章節模擬試題

7.1.1 第一章 測試基本概念

1. 以下哪一項不是軟體測試的目標？

    (a) 確保受測物達到必要的測試覆蓋率

    (b) 減少低品質軟體導致的風險

    (c) 確保所有測試案例皆可以自動化測試

    (d) 提供資訊以協助利害關係人進行決策

2. 一位軟體測試人員已進行全面測試，並且所有的測試案例都成功通過。他向管理層報告說，系統沒有缺陷，因此可以正式上線使用，然而軟體上線後卻不能滿足使用者的需求和期望。以下哪一項測試原則最能解釋這種情況？

    (a) 無缺陷謬誤

    (b) 測試失效

    (c) 早期測試可以節省時間與金錢

    (d) 缺陷群集效應

3. 某個軟體專案正處於初期階段，專案經理希望確保測試工作從一開始就能有效進行，以降低後續修復缺陷的成本。根據「早期測試可以節省時間與金錢」的原則，需要強調哪個重要活動？

    (a) 分析與審查需求與設計等工作產品

    (b) 開始撰寫最終版本的測試報告

    (c) 集中測試於產品完成後的驗收階段

    (d) 延後測試直到系統整合完成以避免重工

4. 以下哪一項屬於除錯（Debugging）而非測試（Testing）的活動？

    (a) 觸發軟體失效並記錄測試結果

    (b) 識別受測物中的潛在缺陷

    (c) 進行回歸測試以確認修正不會影響其他功能

    (d) 分析並修復導致失效的缺陷

5. 下列哪一選項無法正確描述測試、品質保證和品質管控的概念及關聯？

    (a) 測試和品質保證並不相同，測試包括與品質有關的所有活動，例如：品質管控與品質保證

    (b) 品質管控活動包含執行測試案例和驗證軟體功能，故測試是品質管控的一種型式

    (c) 品質保證著重於預防措施，品質管控著重於修復措施

    (d) 在品質管控中，測試結果用於修正缺陷，而在品質保證中，則用於提供反饋，評估開發和測試流程的表現

6. 有一位軟體開發人員因疲勞在實作促銷折扣計算邏輯時犯了一個錯誤，導致折扣金額計算不正確。這個問題直到整合測試階段才被測試人員發現，並回報給開發團隊進行修正。根據這個情境，折扣金額計算不正確的現象最適合被分類為哪一種概念？

    (a) 邏輯錯誤是根本原因（root cause）

    (b) 開發人員因疲勞而犯錯是一種缺陷（defect）

    (c) 折扣計算不正確是失效（failure）

    (d) 這名測試人員正在進行靜態測試

7. 在軟體測試的七個測試活動中，哪個活動涉及將測試條件轉化為具體的測試案例和其他測試相關產物（例如測試章程）？

    (a) 測試分析（Test analysis）

    (b) 測試設計（Test design）

    (c) 測試建置（Test implementation）

    (d) 測試執行（Test execution）

8. 哪個軟體測試活動是定義測試目標，並根據專案的實際情況（例如時間、資源、成本和風險）規劃出最適合且可執行的測試方案？

    (a) 測試分析（Test analysis）

    (b) 測試設計（Test design）

    (c) 測試規劃（Test planning）

    (d) 測試監控（Test monitoring and control）

9. 在測試過程中，哪一項最無法描述可追溯性的效益？

    (a) 確保所有需求都有對應的測試案例，以驗證系統功能是否完整覆蓋需求

    (b) 為稽核流程提供必要的透明性和資訊支持

    (c) 將技術資訊以更易於理解的方式傳達給利害關係人

    (d) 追蹤測試執行順序，以確保測試案例依照計畫進行

10. 在軟體測試中，測試活動可由測試人員角色或測試管理角色負責執行。下列哪一項最能正確描述測試管理角色的主要職責？

    (a) 設計和執行測試案例，並記錄測試結果

    (b) 識別和分析軟體中的缺陷，並提交缺陷報告

    (c) 制定測試目標，規劃測試策略，並監控測試進度

    (d) 與開發人員合作解決缺陷，並進行回歸測試

7.1.2 第二章 貫穿軟體開發生命週期的測試

1. 小潔是一位剛入職的測試工程師，第一週就輪流支援三個不同的開發團隊，並觀察各自的開發與測試流程差異：

    A 團隊採用傳統的瀑布式開發模型

    B 團隊採用 V 模型開發

    C 團隊採用敏捷開發

    她注意到這三種開發方法中，測試活動的時機與方式各有不同。根據她的觀察，下列哪一項敘述最不正確？

    (a) 在 B 團隊，測試活動與開發活動有一對一的對應關係，並從需求階段就開始參與

    (b) 在 A 團隊，因為要等系統全部開發完成才能測試，所以動態測試時常被壓縮

    (c) 在這三種開發模式中，測試階段都安排在開發活動結束之後

    (d) 在 C 團隊，為因應頻繁交付與變更，測試通常依賴自動化與經驗導向技術來進行

2. 在建立有效的測試流程時，良好的測試實務能提升測試品質與效率。下列哪一項敘述最符合良好的測試實務原則？

    (a) 在開發活動完成後再開始撰寫對應的測試設計，可以避免重工並提升效率

    (b) 不同測試層級應有各自清楚的測試目標，才能全面測試並避免資源浪費

    (c) 測試人員應等到開發文件正式核定後再參與審查，以免造成誤導

    (d) 只需集中測試於系統層級即可，前期測試可簡化或省略

3. 小惠記錄幾位前輩在專案中實踐左移測試（Shift-left testing）的方式。下列哪一項作法最不符合左移測試的核心理念？

    (a) 小張使用靜態分析工具檢查新程式碼是否符合安全規範

    (b) 小林在功能開發前就設計好測試案例，並建立測試資料

    (c) 小美選擇在系統測試階段，才開始執行大部分測試，以確保整體整合後的結果更準確

    (d) 小志在元件測試階段就開始針對效能與穩定性進行測試

4. 在一次迭代結束後的回顧會議（Retrospective）中，團隊成員回顧本次迭代中的測試經驗、收穫與挑戰。下列哪一項作法最不符合有效回顧會議的精神與目的？

    (a) 測試人員分享在本次迭代中使用的工具成效，並提出自動化流程改善建議

    (b) 與會者共同討論如何提升測試產出品質，並列出後續改善行動項目

    (c) 會議中僅由專案經理發言，成員不方便對流程或人員安排提出意見

    (d) 針對需求文件的缺陷提出回饋，並建議未來需求撰寫方式的改進

5. 某公司正在採用瀑布模型（Waterfall Model）開發一套新的銀行應用程式。根據典型的循序式軟體開發生命週期，下列哪一個測試層級通常安排在整合測試（Integration Testing）之後執行？

    (a) 單元測試（Component Testing）

    (b) 系統測試（System Testing）

    (c) 驗收測試（Acceptance Testing）

    (d) 單元整合測試（Component Integration Testing）

6. Alpha 測試與 Beta 測試是驗收測試的兩種常見形式。下列哪一項最正確說明 Alpha 測試與 Beta 測試之間的主要差異？

   (a) Alpha 測試由潛在使用者執行，而 Beta 測試由開發團隊執行

   (b) Alpha 測試在開發環境中進行，而 Beta 測試在實際的使用者環境中進行

   (c) Alpha 測試主要關注功能性，而 Beta 測試主要關注非功能性

   (d) Alpha 測試在 Beta 測試之後進行，以確保系統的穩定性

7. 測試層級與測試類型是軟體測試中的兩個基本概念，代表不同的測試架構與目的。下列哪一項敘述正確地區分測試層級與測試類型？

   (a) 測試層級定義要測試的內容，而測試類型定義如何進行測試

   (b) 測試層級是根據軟體開發階段進行的測試活動，而測試類型是根據特定目標執行的測試活動

   (c) 測試層級僅適用於循序式開發模型，而測試類型適用於所有開發模型

   (d) 測試層級（例如單元測試）包含多種測試類型（例如功能性測試、效能測試），而測試類型不能跨越多個測試層級

8. 關於確認性測試（Confirmation Testing）與迴歸測試（Regression Testing），下列哪一項最能正確描述這兩者的差異？

   (a) 確認已修復的缺陷是否再次出現是迴歸測試的重點，而確認性測試則關注這次修正有沒有影響其他未修改的功能

   (b) 執行確認性測試的通常是開發人員，而迴歸測試主要由測試團隊負責

   (c) 當我們需要驗證錯誤是否確實修好，就會進行確認性測試；若擔心修正造成其他功能異常，則應執行迴歸測試

   (d) 因為迴歸測試牽涉的系統範圍較大，不太適合自動化；相對地，確認性測試通常都能一次手動完成

9. 在軟體進入維護階段後，使用者回報一個嚴重錯誤，開發團隊立即著手修正此問題。在這種情境下，所進行的測試最屬於哪一種維護性測試類型？

    (a) 預防性維護（Preventive Maintenance）

    (b) 適應性維護（Adaptive Maintenance）

    (c) 完善性維護（Perfective Maintenance）

    (d) 修正性維護（Corrective Maintenance）

10. 某公司正在營運一套企業級系統，近期團隊計畫進行多項變更。測試主管正在評估是否啟動維護性測試（Maintenance Testing）。以下哪一些情境不屬於維護性測試的常見觸發時機？

    (a) 每月定期進行系統備份與清除暫存檔，以維持磁碟空間

    (b) 為提升品牌一致性，UI 團隊調整了所有按鈕的顏色與字型

    (c) 系統即將走入生命週期尾聲，計畫封存歷史資料並測試還原機制

    (d) 系統資料即將從 Oracle 資料庫遷移至 PostgreSQL，並重新設定連線參數與格式

7.1.3 第三章 靜態測試

1. 在靜態測試中，工作產品可在不執行程式的情況下進行檢查與分析。下列哪一項屬於可進行靜態測試的工作產品？

    (a) 程式碼設計文件或需求文件

    (b) 編譯後的執行檔（.exe）

    (c) 使用者在生產環境中的錯誤操作紀錄

    (d) 執行測試時產生的效能報告

2. 在軟體開發過程中，若能定期與利害關係人進行互動與溝通，對測試活動會產生效益，下列哪一項敘述最能正確說明這種互動帶來的優點？
   (a) 可讓測試人員完全不需要撰寫測試案例
   (b) 減少對技術設計文件的依賴
   (c) 有助於釐清需求，及早針對潛在缺陷採取行動
   (d) 減少測試的自動化程度

3. 在正式審查類型中（例如檢閱），下列哪一項最正確描述主持人（Moderator）的主要職責？
   (a) 評估程式碼品質並修改錯誤
   (b) 主導審查流程並確保會議有效進行
   (c) 撰寫原始需求並負責設計測試案例
   (d) 執行單元測試並提交缺陷報告

4. 某專案團隊在完成需求規格書的初稿後，為了及早發現潛在的問題並降低後續開發階段的風險，決定進行一次非正式的審查。以下哪一種審查類型最符合這種需求？
   (a) 技術審查（Technical Review）
   (b) 檢閱（Inspection）
   (c) 演練導覽（Walkthrough）
   (d) 作者檢查（Author Check）

5. 某公司正在開發一套複雜的金融系統，該系統需遵循嚴格的法規與合規性要求。為了確保設計文件的技術品質，並達成團隊內部的技術共識，該公司計畫進行一次由技術專家參與的審查活動。在下列審查類型中，哪一種最適合此情境？

    (a) 非正式審查（Informal Review）

    (b) 演練導覽（Walkthrough）

    (c) 技術審查（Technical Review）

    (d) 作者檢查（Author Check）

6. 在進行文件或程式碼的審查活動時，下列哪一項作法最有助於提升審查的成功率與品質？

    (a) 審查前未提供工作產品，以保證即興反應

    (b) 指派不熟悉主題的人員進行審查，以確保客觀

    (c) 使用審查清單輔助參與者聚焦於重點

    (d) 將審查工作推遲到開發階段完全結束後再進行

7. 下列哪一項最能說明靜態測試能夠降低專案整體成本的原因？

    (a) 可以完全取代動態測試

    (b) 讓測試活動延後至部署階段

    (c) 能在早期發現缺陷，降低修正代價

    (d) 減少測試人員參與需求審查的次數

8. 在靜態測試中，演練導覽（Walkthrough）與檢閱（Inspection）是兩種常見的審查類型。下列哪一項敘述最正確比較這兩者的差異？

    (a) 演練導覽比檢閱更正式，通常需要記錄缺陷與責任人

    (b) 演練導覽由作者引導審查流程，檢閱則由主持人主導且有明確角色分工

(c) 兩者皆無固定流程，主要靠即興討論完成

(d) 檢閱專注於澄清需求，而演練導覽專注於測試自動化的設計

9. 在正式審查（例如檢閱）流程中，會依照特定步驟執行多項活動。下列哪一項屬於正式審查流程中的標準步驟？

(a) 分發工作產品供審查者準備

(b) 撰寫需求文件

(c) 執行測試案例並記錄測試結果

(d) 安排系統部署會議

10. 靜態測試與動態測試在測試方法與應用時機上有所不同。下列哪一項敘述最能正確區分這兩種測試方式的差異？

(a) 靜態測試只能在系統測試階段執行，動態測試不限階段

(b) 靜態測試找不到語意錯誤，動態測試找不到性能問題

(c) 靜態測試由測試工具執行，動態測試完全依賴人工操作

(d) 靜態測試分析工作產品，動態測試觀察執行行為

7.1.4 第四章 測試分析與設計

1. 測試團隊正在驗證一個新的使用者註冊功能，其中「密碼欄位」的輸入限制為：密碼長度必須介於 8 到 16 個字元之間（含 8 與 16）。測試分析師正使用等價類劃分技術來設計測試案例。下列哪一項不是以密碼長度為主的有效等價類別？

(a) 密碼長度小於 8 個字元

(b) 密碼長度等於 8 個字元

(c) 密碼長度介於 8 和 16 個字元之間

(d) 密碼長度等於 16 個字元

2. 某系統中的「年齡」欄位僅接受 0 至 120 歲（包含上下限）的輸入值。測試分析師進行等價類別劃分時，需根據此條件設計測試資料。下列哪一組資料全部屬於同一個等價類別？

   (a) 0, 1, 60, 120

   (b) -1, 0, 1

   (c) 121, 130, 200

   (d) 59, 60, 121

3. 某健身中心的會員系統只允許年齡介於 16 至 65 歲（包含上下限）者註冊。測試工程師使用邊界值分析（二值法）進行測試設計。以下哪一組資料最能代表二值法設計的測試案例？

   (a) 14、16、66

   (b) 16、30、65

   (c) 15、18、60、66

   (d) 15、16、65、66

4. 某線上購物系統針對顧客訂單提供折扣優惠，規則如下：

   條件 1：是否為會員（是／否）

   條件 2：購物金額級距（低於 1000 元／1000～3000 元／超過 3000 元）

   條件 3：是否使用折價券（是／否）

   系統根據條件組合，會產生兩種動作之一：

   動作 A：提供優惠折扣

   動作 B：不提供優惠折扣

   系統根據組合條件決定執行「提供優惠」或「不提供優惠」兩種動作之一。

測試分析師欲使用決策表測試技術設計完整的測試案例。請問，最多會產生多少個決策規則？

(a) 6

(b) 8

(c) 12

(d) 18

5. 測試分析師在進行狀態轉換測試時，需針對系統的狀態變化進行建模與分析。以下哪一項是設計狀態轉換測試所需的必要元素之一？

(a) 執行效能的基準值

(b) 系統中所有的欄位驗證規則

(c) 狀態、事件、轉換、動作

(d) 被測功能的 UI 樣式與位置配置

6. 下列為某段 Python 程式碼：

```
x = int(input())
y = x - 5
if y < 0:
    print("negative")
print("done")
```

若使用測試資料 x = 2 執行該程式一次，敘述覆蓋率為多少？

(a) 60%

(b) 75%

(c) 80%

(d) 100%

7. 在白箱測試中，分支測試（Branch Testing）是一種結構導向的測試技術。下列哪一項最能正確描述分支測試的覆蓋目標？

    (a) 覆蓋所有可能的變數組合

    (b) 覆蓋每一個可能的分支

    (c) 覆蓋程式中所有的敘述

    (d) 確保每個函式至少呼叫一次

8. 下列哪一項最能正確描述查核表測試的特點？

    (a) 測試完全依據詳細設計文件自動產生

    (b) 測試人員根據檢查項目逐項確認是否符合預期

    (c) 測試以隨機順序執行，不使用任何測試依據

    (d) 測試以測試案例的優先順序排序執行

9. 某團隊正在開發「線上退貨」功能，業務代表提議：「顧客應能在 7 天內無條件退貨」。開發人員希望清楚定義商業邏輯，而測試人員想確保可驗證性。以下哪一項最適合寫成使用者故事？

    (a) 顧客退貨政策很重要

    (b) 系統應提供退貨流程

    (c) 作為一名顧客，我希望在購買後 7 天內可以退貨，以便我安心下單

    (d) 測試人員應驗證退貨資料是否正確

10. 以下哪一個驗收準則最符合 Gherkin 語法（Given-When-Then）？

    (a) 使用者點擊確認後，顯示訊息「提交成功」

    (b) 若密碼欄為空，按下登入會出現錯誤

(c) Given 使用者未登入，When 他嘗試存取會員專區，Then 系統應顯示登入頁面

(d) 測試人員應根據需求測試登入功能是否成功

7.1.5　第五章 測試活動管理

1. GlobalHealth 醫療管理系統的測試經理需要追蹤測試活動的進度，並向利害關係人即時報告測試執行狀態。

   下列哪一項測試度量最能準確反映測試執行的當前狀態？

   (a) 發現的缺陷總數

   (b) 測試用例通過率

   (c) 每位測試人員的缺陷數量

   (d) 發現缺陷的平均時間

2. 某測試經理正在為一項醫療資訊系統撰寫測試計畫文件。下列哪一項敘述最能說明測試計畫的主要目的？

   (a) 說明測試的範圍、目標、資源、排程與責任分工

   (b) 紀錄已發現的所有缺陷並分類嚴重程度

   (c) 詳細列出每一筆測試數據的格式與邏輯關係

   (d) 描述系統架構中每個模組的設計與資料流程

3. 在銀行核心系統的更新專案中，測試經理需要評估是否達成允出標準（exit criteria），以決定是否可以停止測試並發佈系統。

   下列哪一項最能作為合理且可量化的停止測試標準？

   (a) 當測試預算用完時

   (b) 當發現的缺陷數量低於特定閾值，且所有高嚴重性缺陷都已解決

(c) 當所有測試用例都執行了至少一次

(d) 當開發團隊表示他們已經修復了所有已知缺陷

4. 在發佈規劃（release planning）中，測試人員如何貢獻價值？

(a) 根據測試預算決定哪些功能需要開發

(b) 提供缺陷統計與品質風險資訊，協助釐清是否準備好發佈

(c) 決定發佈的市場行銷策略

(d) 撰寫程式碼以加速系統部署流程

5. 在敏捷開發的迭代規劃（iteration planning）會議中，測試人員的貢獻是什麼？

(a) 預測市場回饋並調整產品策略

(b) 評估每位開發人員的生產力並指派任務

(c) 專注於撰寫管理報表，不參與規劃會議

(d) 協助澄清驗收標準並預估測試工作量

6. 某系統測試階段即將展開，測試團隊確認測試環境已建置完成、所有測試資料已準備妥當，且開發單位已交付系統測試版。這些條件最可能屬於下列哪一類標準？

(a) 測試進度指標

(b) 測試執行策略

(c) 測試允出標準

(d) 測試允入標準

7. 某行動支付應用程式的測試團隊即將完成測試工作，並準備撰寫測試總結報告（Test Summary Report）以呈現整體測試成果與風險評估。

下列哪一項內容最應該納入測試總結報告中？

(a) 只列出未解決的缺陷

(b) 只提供測試通過率的百分比

(c) 測試摘要、覆蓋情況、品質評估及未解決的風險

(d) 詳細列出每個測試用例的執行結果

8. 某測試人員正在撰寫一筆缺陷報告，描述內容如下：「當使用者輸入錯誤密碼三次時，應跳出警示訊息，實際上系統未作出任何反應。」以下哪一段補充說明最適合作為缺陷報告中的「重現步驟」？

(a) 此問題應由開發團隊負責修正，並盡快完成

(b) 使用 Android 裝置測試，App 版本 1.2.5，發生率約 60%

(c) 步驟：1. 開啟 App；2. 輸入錯誤密碼；3. 重複輸入三次；4. 系統未跳出警示訊息

(d) 系統設計可能有問題，應重新評估驗證機制邏輯

9. 下列哪一項最能說明構型管理（Configuration Management）如何支援測試活動？

(a) 協助追蹤測試版本與被測系統間的對應關係

(b) 提供測試人員自動化腳本設計的模板與工具

(c) 減少對需求變更管理的依賴

(d) 自動產生測試報告摘要以供決策者使用

10. 某新開發的網路銀行系統專案中，測試團隊觀察到以下三種風險情境。請問其中哪一項最明確屬於「專案風險」？

(a) 登入模組在高負載下反應變慢，可能影響使用者體驗

(b) 系統設計文件遲交，導致測試活動延後排程

(c) 使用者帳戶餘額計算不準確，可能影響金融正確性

(d) 密碼變更功能未按需求實作完整，導致驗收失敗

7.1.6 第六章 測試工具

1. 下列哪一種工具最常用於執行測試案例並比較實際與預期結果？

    (a) 缺陷管理工具

    (b) 測試執行工具

    (c) 結構覆蓋分析工具

    (d) 測試數據生成工具

2. 某測試團隊希望提升測試案例的重複使用性與一致性，並避免手動操作時的人為錯誤。哪一類型的工具最適合支援此目標？

    (a) 測試設計工具

    (b) 測試執行工具

    (c) 測試資料管理工具

    (d) 靜態分析工具

3. SmartHome 智慧家居應用的開發團隊希望模擬大量使用者同時連線至其雲端控制平台，以測試系統在高併發負載下的穩定性與回應時間。在此情境下，最適合使用哪一類型的測試工具？

    (a) 測試設計工具

    (b) 靜態分析工具

    (c) 性能和負載測試工具

    (d) 測試資料產生工具

4. 在持續整合與持續交付（CI/CD）的環境下，測試團隊希望能自動執行測試、部署應用程式，並即時回報測試結果。此時最適合使用哪一類測試工具？

   (a) 測試資料產生工具

   (b) 測試設計工具

   (c) DevOps 工具

   (d) 靜態分析工具

5. MediCare 醫療系統的開發團隊希望在程式碼撰寫階段就能及早發現潛在的安全性漏洞與程式碼撰寫錯誤，並希望在不執行程式的情況下分析程式碼品質。在這種情境下，最適合使用哪一類測試工具？

   (a) 動態分析工具

   (b) 靜態分析工具

   (c) 負載測試工具

   (d) 測試資料準備工具

6. 下列哪一項不是測試自動化的常見優點？

   (a) 減少重複性工作

   (b) 減少初期投入時間與成本

   (c) 提高測試一致性

   (d) 支援回歸測試

7. 你的團隊正在導入測試自動化，希望提高測試效率並減少人為錯誤。然而，在專案執行一段時間後，團隊發現一些挑戰，其中哪一項屬於測試自動化的風險？

   (a) 團隊選擇了一款自動化工具，但供應商宣布將在一年內停止支援該工具

   (b) 為了減少手動測試的工作量，團隊開發了自動化測試來處理重複性高的測試案例

7-19

(c) 團隊安排技術測試人員來實施測試自動化，確保測試腳本的品質與維護性

(d) 開發自動化測試報告系統，以即時追蹤測試執行狀況並提供測試結果分析

8. GlobalShop 電子商務公司計畫導入一套新的測試工具，以改善其自動化測試流程。在選擇測試工具的過程中，下列哪一項是最重要的考量因素？

   (a) 選擇市場份額最大的工具廠商

   (b) 尋找價格最低的工具選項

   (c) 根據組織需求、技術相容性和團隊技能進行評估

   (d) 依照外部顧問建議

9. SafeDrive 汽車安全系統開發公司正在執行一項關鍵的自動化測試專案。由於測試團隊缺乏自動化經驗，且專案預算有限，在導入自動化測試工具時，下列哪一種作法最為合適？

   (a) 立即在所有專案中全面實施自動化測試

   (b) 使用試行專案方法，從小規模開始並逐步擴展

   (c) 雇用外部團隊完成所有自動化工作

   (d) 等待更多預算再開始實施

10. DataSecure 公司的測試團隊已經使用一款新的自動化測試工具達 6 個月，但測試效率未明顯改善。下列哪一項最有可能是導致工具導入失敗的主要原因？

    (a) 團隊沒有接受充分的工具培訓

    (b) 工具的價格太高

    (c) 自動化測試本身就不可靠

    (d) 該工具市場占有率不夠大

7.2 章節模擬試題答案解析

7.2.1 第一章 測試基本概念

題號	答案	解釋
1	c	(a) 測試覆蓋率能幫助確保測試完整性，降低缺陷遺漏風險 (b) 測試的核心目標之一是降低風險，確保軟體可靠性 (c) 並非所有測試都適合自動化，如探索性測試、使用者體驗測試等 (d) 測試提供關鍵資訊，幫助產品發佈與品質管理
2	a	(a) 即使軟體沒有缺陷，也不能保證它能夠滿足使用者的需求和期望，測試只能顯示缺陷存在，但不能確保系統成功 (b) 重複相同測試案例時，檢測新缺陷的效果逐漸減弱。但本題的問題在於軟體無法滿足使用者需求，與測試失效無關 (c) 及早發現問題能節省後期成本，但本題中測試無法滿足需求，與測試的早期發現無關 (d) 大部分缺陷集中在少數系統元件，但本題未涉及缺陷群集問題，而是測試未能滿足使用者需求
3	a	(a) 透過提早進行需求與設計文件的審查與分析，可以在開發成本還低的階段發現缺陷，降低日後修復成本與風險 (b) 測試報告通常在測試執行結束後才會撰寫或總結，此時測試已進入尾聲，無法達成「早期發現問題、節省成本」的目的 (c) 這是晚期測試的做法，與早期測試原則相違。等到驗收階段才測試，不僅發現問題晚，修復成本也高，甚至可能影響專案交付進度 (d) 反而會增加重工風險。若早期未發現需求或設計錯誤，等到整合階段才發現，修正所需的人力、時間與資源會大幅增加，反而造成更大浪費

題號	答案	解釋
4	d	(a) 觸發失效是測試的主要目標之一，而不是除錯的工作 (b) 識別潛在缺陷是靜態測試或測試過程的一部分，而不是除錯的工作 (c) 回歸測試是測試的一部分，目的是確保修正後不會影響其他功能 (d) 除錯的核心工作是分析失效的根本原因並修復缺陷
5	a	(a) 測試是品質管控的一部分，並不包括品質保證 (b) 測試確實是品質管控的一部分，專注於發現缺陷並確保產品符合品質標準 (c) 品質保證是以預防為主的過程，強調透過流程改善來避免缺陷，而品質管控則更注重檢查產品並修正已發現的缺陷 (d) 品質管控使用測試結果來修正缺陷，而品質保證則利用測試結果來評估和改善開發及測試過程
6	c	(a) 根本原因是開發人員疲勞 (b) 疲勞是是犯錯的根本原因；缺陷是邏輯錯誤 (c)「折扣計算不正確」是系統未能按預期運行的表現，符合失效定義 (d) 靜態測試通常不涉及執行程式（例如審查或靜態分析）
7	b	(a) 測試分析的核心任務是確定「要測試什麼」 (b) 測試設計是將測試分析階段識別出的測試條件轉換為具體的測試案例和測試章程的過程 (c) 測試建置是準備執行測試所需的測試環境和測試資料 (d) 測試執行是實際運行測試案例的過程

07 章節模擬試題與答案解析

題號	答案	解釋
8	c	(a) 測試分析是確定「要測試什麼」的過程 (b) 測試設計是將測試條件轉化為具體測試案例的過程 (c) 測試規劃是訂定測試目標，並依據專案的實際情況規劃出最適合且可執行的測試方案 (d) 測試監控是追蹤測試進度並根據結果採取必要措施的活動
9	d	(a) 這是可追溯性的核心目標之一，確保所有需求都有對應的測試案例，以驗證系統功能是否完整覆蓋需求 (b) 良好的可追溯性有助於稽核流程，確保測試活動符合法規或公司政策，並提供足夠的測試證據 (c) 可追溯性有助於整理測試進度與結果，使非技術人員（如管理層或業務團隊）更容易理解測試的影響與風險 (d) 可追溯性關注的是測試對應到哪些需求、風險和缺陷，而非具體的執行順序或時程
10	c	(a) 設計和執行測試案例，並記錄測試結果，通常是測試角色的職責 (b) 識別和分析軟體中的缺陷，並提交缺陷報告。通常是測試角色的職責 (c) 測試管理角色主要負責測試的規劃、策略制定和進度監控 (d) 雖然測試管理人員可能參與缺陷解決的協調，但直接執行回歸測試通常是測試角色的工作

7.2.2 第二章 貫穿軟體開發生命週期的測試

題號	答案	解釋
1	c	(a) V 模型強調「驗證與確認相對應」，每個開發階段（需求、設計、實作）皆對應一個測試階段（驗收、系統、整合、單元） (b) 傳統瀑布式模型是線性且階段性進行，測試通常安排在開發完成之後 (c) 在敏捷開發中（C 團隊），測試與開發是同步進行的 (d) 敏捷環境因為變更快速、迭代頻繁，自動化測試是關鍵工具
2	b	(a) 與「早期測試原則」相違背 (b) 明確區分各層級的目標有助於全面性測試與資源合理分配，避免重複與遺漏 (c) 測試人員應盡早參與文件審查活動（例如需求或設計審查），這樣能提早發現文件錯誤或不一致 (d) 測試應涵蓋多層級（單元、整合、系統、驗收）
3	c	(a) 靜態分析是典型的左移測試技術，可在程式碼尚未執行前檢查語法、安全性與潛在缺陷 (b) 在開發前先設計測試案例屬於「測試先行」（例如 ATDD 或 TDD），是左移測試的重要實務 (c) 小美選擇集中在系統測試階段才大量測試，這是典型「後期測試」的作法，與左移精神背道而馳 (d) 在左移思維下，早期關注非功能性需求（如效能）是鼓勵的

07 章節模擬試題與答案解析

題號	答案	解釋
4	c	(a) 對工具的反饋與自動化建議不僅是專業分享，更可能帶來團隊效能提升 (b) 回顧會議的目標之一就是找出問題、學習經驗、明確改進方向 (c) 敏捷中的回顧會議強調「開放、透明、團隊共創」 (d) 對需求撰寫流程提出改進建議，是一種前瞻性的品質思維
5	c	(a) 單元測試是最底層的測試層級，用來驗證個別模組或函式的正確性 (b) 驗收測試是測試生命週期的最末階段，主要由使用者或代表進行，確認系統是否符合業務需求 (c) 系統測試是在所有模組整合完畢後，針對整體系統功能與非功能需求的驗證 (d) 回歸測試不是一個正式的「測試層級」，而是一種測試類型
6	b	(a) Alpha 測試常由內部人員或受控的使用者代表進行。Beta 測試則由外部真實使用者在其實際環境中進行 (b) Alpha 測試是由開發組織在內部控制環境中進行的驗收測試，Beta 測試則在實際的使用者環境中進行，由終端用戶或早期使用者試用 (c) Alpha 測試與 Beta 測試的差異主要在「執行時機、環境與人員角色」，而非測試內容的類型 (d) Alpha 測試通常是 Beta 測試前的前置驗證步驟，確認系統已達穩定可用狀態，再釋出給外部用戶進行 Beta 測試

7-25

題號	答案	解釋
7	b	(a) 測試類型關注的是測試目標（如性能、安全性），不是「如何做」的技術層面 (b) 測試層級：例如單元測試、整合測試、系統測試、驗收測試，對應於不同開發階段的交付成果。測試類型：例如功能性測試、非功能性測試、安全性測試等，是根據特定測試目標或關注點進行的活動 (c) 測試層級不僅適用於循序式模型（如瀑布），在敏捷與 DevOps 模式中也同樣適用，只是呈現方式與時機不同（例如敏捷中多層級可能同時進行） (d) 後半段「測試類型不能跨層級」是錯誤的
8	c	(a)「確認缺陷是否修好」應該是確認性測試的重點。「檢查修正是否影響其他功能」才是迴歸測試的目的 (b) 誰執行測試取決於團隊分工與流程安排，與測試類型本質無關 (c) 確認性測試 是為了驗證「特定缺陷是否已被成功修復」。迴歸測試 則是確認「本次修正沒有影響到原本正常的功能」 (d) 迴歸測試通常非常適合自動化，因為它需重複測試大量已存在功能。確認性測試反而是針對個別修正點，常由人手動驗證

07 章節模擬試題與答案解析

題號	答案	解釋
9	d	(a) 預防性維護是主動改善系統可維護性或防止未來可能出現的問題，通常與架構調整、重構、提升可讀性或強化安全性有關 (b) 適應性維護是為了讓系統能適應外部環境的變更，如作業系統升級、法規更新、硬體變動等 (c) 完善性維護是針對使用者建議或業務需求改進功能或提升效能，並非修復錯誤 (d) 修正性維護是針對已發生的缺陷或故障進行修正
10	a	(a) 這是例行性的 IT 維運或系統管理作業，並不牽涉到系統功能的變更、修正或改善 (b) 測試仍需確認 UI 行為與互動邏輯是否受影響，因此符合維護性測試的啟動條件 (c) 測試必須驗證資料能正確封存與成功還原，是確保資料完整性與合規性的重要驗證 (d) 測試需確認資料格式正確轉換、查詢語法無誤、功能不受影響，是典型的維護性測試情境

7.2.3 第三章 靜態測試

題號	答案	解釋
1	a	(a) 程式碼設計文件與需求文件正是靜態測試常見的檢查對象 (b) 靜態測試無法對已編譯執行的二進位進行有效分析 (c) 雖然錯誤操作紀錄對缺陷分析有幫助，但它是屬於營運與使用階段的動態結果 (d) 效能報告是動態測試的產出

題號	答案	解釋
2	c	(a) 即使與利害關係人互動頻繁，測試人員仍須撰寫測試案例來驗證需求是否被滿足 (b) 減少依賴技術文件可能導致測試覆蓋不完整 (c) 有助於釐清需求，及早針對潛在缺陷採取行動 (d) 利害關係人互動與測試是否自動化無直接關係
3	b	(a) 評估程式碼品質屬於審查人員或技術專家的工作 (b) 不直接修改產品或執行測試，而是管理審查活動本身的進行與品質 (c) 撰寫需求可能是商業分析師、產品負責人或作者的任務 (d) 執行單元測試是開發人員的工作
4	c	(a) 技術審查較為正式，著重於技術正確性與可行性，可能會由同儕或專家進行深入檢查 (b) 檢閱是最正式與最嚴謹的審查類型，包含角色分工、紀錄缺陷與後續追蹤 (c) 非正式但有結構的審查方式，通常由作者引導參與者逐步走過工作產品內容 (d) 作者的自我審查，雖然有助於品質提升，但不是團隊參與的審查類型
5	c	(a) 非正式審查通常無固定流程與角色分工，依賴個人閱讀與回饋 (b) 演練導覽由作者引導其他人了解工作產品內容，強調釐清理解與收集意見 (c) 檢查技術內容的正確性、可行性與一致性，並在團隊內部建立共識 (d) 作者檢查是由文件作者自行檢查內容，不屬於團隊審查活動

題號	答案	解釋
6	c	(a) 未提供工作產品會導致參與者無法準備，降低審查品質，並導致討論偏離主題或效率低落 (b) 外部人員可能帶來新觀點，但審查人員應具備足夠的背景知識與技術理解，才能有效發現問題 (c) 幫助參與者聚焦於易錯點、關鍵規範與常見缺陷類型，避免遺漏重點，提升一致性與可重現性 (d) 審查應在文件完成或進入開發前進行，這樣才能提早發現缺陷、降低後期修正成本
7	c	(a) 靜態測試無法評估執行時的系統行為，例如功能是否正確、反應是否即時 (b) 延後測試只會增加缺陷傳播與修正成本 (c) 能在早期發現缺陷，降低修正代價 (d) 靜態測試鼓勵測試人員早期參與需求文件與設計文件的審查
8	b	(a) 檢閱比演練導覽更正式與結構化，並包含缺陷記錄與責任追蹤 (b) 在演練導覽中，作者主導流程，目的常是讓參與者理解工作產品、收集意見或解釋設計想法 (c) 演練導覽雖相對彈性，仍有基本流程（如由作者引導、逐步展示工作產品） (d) 這兩種審查類型皆可應用於不同類型的工作產品，不限制於特定主題或內容

題號	答案	解釋
9	a	(a)「分發工作產品」屬於第 2 步驟的前置準備，是正式流程中不可或缺的活動之一 (b) 撰寫需求文件是開發流程中的一環，並非審查流程中的步驟 (c) 靜態測試中的審查活動不涉及系統執行 (d) 系統部署是交付與營運階段的活動，與審查流程無直接關聯
10	c	(a) 靜態測試通常在系統測試之前執行，甚至可在需求或設計階段進行 (b) 靜態測試可以發現語意錯誤，特別是在程式碼或需求邏輯上的矛盾與不合理 (c) 將靜態測試歸為「工具操作」、動態測試歸為「人工操作」是錯誤的簡化 (d) 此選項正確描述兩者根本上的差異：是否執行系統

7.2.4 第四章 測試分析與設計

題號	答案	解釋
1	a	(a) 這是無效等價類別 (b) 包含在允許範圍內（8-16），所以屬於有效輸入 (c) 涵蓋多數正確的輸入值 (d) 這個值仍在有效範圍內
2	a	(a) 全為有效值，落於 0~120 (b) -1 為無效，其餘為有效 (c) 雖然同屬無效，但非最佳代表選項 (d) 同時包含有效與無效值

題號	答案	解釋
3	d	(a) 只有極限點與錯誤值，但組合不完整 (b) 都是有效值 (c) 有些值不具邊界意義（18、60），邊界點不足 (d) 涵蓋下邊界（16）、略小（15）、上邊界（65）、略大（66）
4	c	(a) 可能誤將條件總數與規則數混淆 (b) 僅適用於 23（三個二值條件）情況 (c) 2×3×2=12 是正確組合數 (d) 計算方式不正確
5	c	(a) 與狀態變化無直接關聯 (b) 屬於輸入驗證或表單檢查的測試 (c) 是設計狀態轉換圖與狀態轉換表所必須包含的基本要素 (d) 偏向可用性測試或 GUI 測試的關注點
6	d	(a) 若只執行 3 行 敘述才會是 60% (b) 5 行中執行 3.75 行 ≈ 不合理 (c) 若條件不成立（如 x = 6），則略過第 4 行 (d) X=2 所有行都會執行
7	b	(a) 這是條件組合測試的目標 (b) 符合 ISTQB 對分支測試覆蓋率的定義 (c) 敘述測試目標，不一定覆蓋所有分支 (d) 屬於函式呼叫覆蓋，不是分支測試
8	b	(a) 是模型導向或需求導向自動測試 (b) 以事先列好的查核項目為依據進行確認 (c) 探索式或隨機測試 (d) 與基於風險或優先順序測試有關

題號	答案	解釋
9	c	(a) 沒有角色、目標或驗證行為 (b) 屬於系統功能或需求層級的說明，不是以使用者角度撰寫 (c) 典型的使用者故事三段式格式 (d) 是測試活動的描述，而非使用者故事
10	c	(a) 缺少 Given / When / Then 結構 (b) 語意清楚，但屬於自然語言敘述 (c) 完全符合 Gherkin 語法格式 (d) 描述的是測試活動，不是驗收標準

7.2.5 第五章 測試活動管理

題號	答案	解釋
1	b	(a) 反映產品品質或測試有效性，但無法直接反映測試進度 (b) 反映目前執行的測試中，有多少已通過，有多少失敗或尚未執行 (c) 偏向人員績效分析，不適用於監控整體測試進度或執行情況 (d) 屬於測試活動效率類指標，可用於分析流程或工具效能
2	a	(a) 測試計畫的主要目的就是規劃與管理測試活動，包含範圍、策略、資源、人力、排程、風險與角色分工 (b) 這是「缺陷管理」或「缺陷報告」的內容 (c) 屬於測試設計或測試資料文件的內容 (d) 這是設計規格（如軟體架構說明書）的範疇

題號	答案	解釋
3	b	(a) 雖然預算是現實考量，但它不應作為停止測試的主要標準 (b) 典型且實務可執行的允出標準，也便於向利害關係人解釋釋出決策的依據 (c) 缺乏風險與品質考量，也未提及缺陷處理或覆蓋完整性 (d) 此選項過於主觀、風險高，無法作為可靠停止測試標準
4	b	(a) 測試人員不負責定義開發內容或功能優先順序 (b) 在發佈規劃中，測試人員提供缺陷趨勢、測試覆蓋率與風險分析，協助決策者判斷是否可以發佈 (c) 市場行銷規劃是商業或行銷部門的責任 (d) 雖然有些測試人員具備程式能力，但負責部署通常屬於 DevOps 或開發人員職責
5	d	(a) 市場回饋由產品經理或商業代表處理，不是測試人員的主要職責 (b) 任務分派屬於開發或敏捷團隊的自我管理過程，測試人員不負責「評估他人」 (c) 測試人員應積極參與規劃活動，非僅限於事後報表整理 (d) 測試人員應在迭代規劃中參與需求澄清、驗收標準定義，以及估算測試相關工時與資源
6	d	(a) 進度指標是用來追蹤測試執行狀態 (b) 執行策略是整體測試方法的總體方向 (c) 允出標準是測試階段是否可以結束的依據 (d) 環境建置、測試資料準備、測試版交付都是進入測試階段前的基本條件，符合「允入標準」的定義

題號	答案	解釋
7	c	(a) 未解決缺陷是重要資訊，但若只有這項，則無法提供完整測試全貌 (b) 測試通過率是常見指標，但它無法獨立代表品質狀況 (c) 測試摘要、覆蓋情況、品質評估及未解決的風險 (d) 總結報告應聚焦整體概況與風險評估，不是逐條列舉細項結果
8	c	(a) 這是責任指派與緊急程度的建議，不是重現步驟 (b) 這是測試環境與發生率描述 (c) 這是標準格式的重現步驟，清楚列出操作流程，便於開發重現問題 (d) 這是可能原因或分析推測，屬於「附註」或「建議」
9	a	(a) 構型管理可以管理被測系統的不同版本，並確保測試結果能對應正確的版本與測試資產 (b) 測試工具可能提供腳本模板，但這屬於測試工具支援範疇，不是構型管理的核心功能 (c) 構型管理與需求變更管理是互補而非替代關係，兩者功能不同 (d) 報告自動產生屬於測試管理工具的功能，與構型管理關係不大
10	b	(a) 屬於產品風險，反映品質屬性（效能）的不足 (b) 屬於專案風險，與專案活動的進度管理與交付時程有關 (c) 屬於產品風險，直接影響系統的核心功能與使用者信任 (d) 屬於產品風險，反映未符合功能需求的問題，影響交付品質

7.2.6 第六章 測試工具

題號	答案	解釋
1	b	(a) 缺陷管理工具用於紀錄與追蹤缺陷 (b) 測試執行工具支援自動執行測試案例、記錄實際結果、比較預期結果，是用來驗證系統行為 (c) 結構覆蓋分析工具（例如程式碼覆蓋工具）用於分析測試是否涵蓋所有程式碼分支 (d) 測試數據生成工具則用於產生測試所需的輸入資料
2	b	(a) 測試設計工具是協助設計測試案例，並非執行用途 (b) 測試執行工具能自動執行測試案例，確保一致性，並減少手動測試的人為誤差，進而提升重複使用性 (c) 測試資料管理工具專注在測試資料的建立與維護 (d) 靜態分析工具用於分析程式碼，與自動執行無直接關係
3	c	(a) 測試設計工具主要用於建立測試案例，不執行系統，也不模擬高負載情境 (b) 靜態分析工具主要用於分析原始程式碼、模型或文件，尋找潛在缺陷（例如死碼、未使用變數、複雜度過高等） (c) 性能和負載測試工具主要用於評估系統在特定工作負載下的表現（例如回應時間、穩定性與資源使用情況） (d) 測試資料生成工具主要用於建立測試輸入資料（例如產生有效與無效的輸入參數、表格資料）

題號	答案	解釋
4	c	(a) 自動產生輸入資料或資料集，以利測試執行，但不具備部署與流程整合功能 (b) 協助創建測試案例或條件，與 CI/CD 或自動部署無直接關聯 (c) DevOps 工具支援持續整合與持續交付流程中的自動化任務，常見工具如 Jenkins、GitLab CI/CD (d) 分析原始碼中潛在的缺陷或複雜度，但無法自動部署或整合 DevOps 流程
5	b	(a) 在程式執行期間進行觀察，用來檢測記憶體洩漏、資源使用、運作時錯誤等 (b) 在不執行程式的情況下分析程式碼的結構、語法、風格、潛在的安全風險與缺陷 (c) 模擬多使用者同時使用系統，觀察系統在高併發或長時間壓力下的表現 (d) 建立測試所需的輸入資料，與程式碼本身的靜態分析無關
6	b	(a) 測試自動化常見優點 (b) 自動化測試初期通常需要大量時間與資源，這是其常見風險之一 (c) 測試自動化常見優點 (d) 測試自動化常見優點

題號	答案	解釋
7	a	(a) 這是測試自動化的常見風險之一，因為工具供應商可能停止支援或不再更新，導致自動化測試無法維護或繼續使用 (b) 這是測試自動化的優勢，而非風險，因為自動化可減少重複性工作並提高效率 (c) 這是測試自動化的標準做法，並非風險，技術測試人員通常負責實施自動化 (d) 這是測試管理的一部分，有助於測試結果的追蹤，並不構成風險
8	c	(a) 雖然市場佔有率高的工具可能表示成熟與穩定，但這不代表適合該組織 (b) 忽略價值與效能的平衡 (c) 根據組織需求、技術相容性和團隊技能進行評估 (d) 顧問可以提供參考，但不應成為唯一依據
9	b	(a) 過早全面導入會帶來風險，特別是當團隊經驗不足時，容易導致混亂與失敗 (b) 導入測試工具可從試行專案開始，逐步驗證工具效益、風險與可用性 (c) 自動化測試應該成為團隊能力的一部分，依賴外部反而會削弱長期效益 (d) 測試自動化可以從小成本、低風險的專案試行

題號	答案	解釋
10	a	(a) 測試工具需搭配正確使用方法與最佳實踐，否則即使工具再好，也無法發揮效益 (b) 工具的成本可能影響採購決策，但與「效率未提升」沒有直接因果關係 (c) 若測試無效，往往是工具使用不當、流程不健全或腳本品質不佳，而不是自動化本身不可靠 (d) 即使是冷門工具，只要符合組織需求並妥善導入與培訓，也能成功落地

CHAPTER

08

模擬考試

8.1 模擬試卷

1. 某功能出現問題後由開發人員進行除錯與修復,接著測試人員使用原始測試案例進行確認性測試(confirmation testing)。完成後,又執行一組相關模組的測試案例以確保這次修正沒有影響其他功能。下列哪一項最正確描述此流程中測試與除錯的關聯與角色分工?

   (a) 除錯包含驗證修正是否成功與測試所有相關模組

   (b) 確認測試與回歸測試皆屬除錯流程,由開發人員負責

   (c) 測試負責進行確認與回歸測試,以驗證修正效果與避免連鎖錯誤

   (d) 測試人員負責修改程式碼並執行測試來驗證修改是否成功

2. 在一次專案會議中,主管說:「我們已經有測試人員在進行測試了,所以就不需要做 QA 了吧?」測試經理立即澄清:「其實測試是屬於品質控制(Quality Control)的一部分,而 QA 是另一種專注於預防問題與改善流程的活動。」根據 ISTQB 對測試與 QA 的描述,下列哪一項說法最正確?

   (a) 測試與 QA 是完全相同的活動,只是名稱不同

   (b) 測試著重於產品的缺陷發現,QA 著重於過程的改進與預防

   (c) QA 是品質控制的一部分,測試則屬於品質保證

   (d) 測試與 QA 都只能由專職測試人員負責執行

3. 一位主管在系統測試完成後問測試經理:「你們已經測試兩週,現在可以保證這套系統完全沒有缺陷了嗎?」測試經理回答:「我們的測試涵蓋了主要功能與高風險場景,但測試無法保證完全沒有缺陷,只能降低風險。」此情境最能對應哪一項測試原則?

   (a) 測試顯示缺陷存在,而不是證明其不存在

   (b) 測試可確保所有場景都被覆蓋

(c) 測試可證明系統已無缺陷

(d) 測試人員應主動避免開發錯誤發生

4. 某測試專案執行兩週後，測試經理注意到測試用例通過率僅達 40%，遠低於預期的 70%。於是他重新分配測試人力，延後部分低優先級測試項目，並更新風險評估以調整測試重點。上述情境中的活動屬於哪一項測試活動？

   (a) 測試設計

   (b) 測試規

   (c) 測試監控與控制

   (d) 測試完成

5. 某金融系統的稽核報告指出，近期系統升級後某些測試未能涵蓋新需求。測試經理回溯測試報告，發現缺乏測試條件與需求之間的關聯紀錄，無法清楚得知哪些新需求尚未被測試。事後團隊決定建立更完整的測試需求追蹤矩陣。上述情境最能凸顯可追蹤性哪方面的價值？

   (a) 有助於測試自動化工具的選擇與部署

   (b) 幫助分析變更對測試的影響，並強化測試覆蓋

   (c) 增加測試用例的複雜度與多樣性

   (d) 取代回歸測試以降低測試工作量

6. 在專案初期，測試經理與各利害關係人溝通測試策略、風險優先順序與測試資源分配。開發人員則負責撰寫單元測試並配合測試團隊修復缺陷。專案後期，測試經理也會負責編寫測試總結報告。下列哪一項最能正確比較測試經理與開發人員在測試活動中的角色？

   (a) 測試經理專注於技術實作，開發人員則規劃測試策略

   (b) 測試經理負責測試規劃與資源管理，開發人員負責單元測試與缺陷修正

(c) 開發人員主導測試風險評估,測試經理執行所有測試活動

(d) 測試經理與開發人員角色相同,只是部門不同

7. 一支敏捷開發團隊每天在開放式空間內共同工作,成員包含開發、測試與產品代表。他們每天都有站立會議,也會即時口頭確認需求與測試策略,避免文件交接造成延誤。此團隊的工作方式主要體現了下列哪一項整體團隊方法的優點?

(a) 專案角色明確區隔,有利責任歸屬

(b) 減少早期測試參與者的干擾

(c) 共享空間,有利團隊溝通與互動

(d) 測試工作應與開發完全獨立

8. 在一個大型 ERP 專案中,測試工作完全由外部獨立測試公司負責。雖然他們發現了不少缺陷,但因不熟悉系統邏輯與業務背景,導致許多測試案例重複或缺乏關鍵場景。開發與測試溝通成本也隨之增加。上述情境中,最可能是測試過度獨立所導致的問題?

(a) 測試人員能客觀評估系統行為

(b) 測試團隊容易與開發過度依賴彼此

(c) 獨立測試更容易提升測試覆蓋率

(d) 測試與業務知識隔閡,影響測試完整性

9. 某測試團隊被要求在設計階段就參與審查工作,目的在於防止錯誤設計傳遞到程式撰寫階段,進而減少後期重工的風險。上述情境中體現哪一項測試相關的良好實務?

(a) 測試應在系統驗收階段才開始,以提升測試效率

(b) 測試分析與設計應延後至所有功能定案後進行

(c) 所有開發活動都應受到品質管控

(d) 測試人員只需參與測試執行與缺陷驗證工作

10. 下列哪一項不是測試先行開發（test-first approach）方法？

    (a) Acceptance Test-Driven Development（ATDD）

    (b) Behaviour-Driven Development（BDD）

    (c) Test-Driven Development（TDD）

    (d) Decision Table-Driven Development（DTDD）

11. 一個醫療系統包含三個子系統：掛號模組、醫療記錄模組與繳費模組。測試人員針對以下情境進行測試：使用者完成掛號後，系統是否正確傳遞資訊到醫療記錄模組；就診完成後，是否會自動產生繳費資料。上述測試活動最可能屬於哪個測試層級？

    (a) 元件測試

    (b) 驗收測試

    (c) 整合測試

    (d) 系統測試

12. 某銀行計畫將其帳戶管理系統的資料庫從 Oracle 遷移至 PostgreSQL，以節省授權成本。此變更牽涉資料存取語法調整與驅動程式更換，因此測試團隊計畫針對受影響的模組進行全面回歸測試與資料驗證。本次維護測試最可能是由哪一種情況所觸發？

    (a) 為適應技術平台變更所進行的調整

    (b) 為系統加入新功能模組

    (c) 修復過去的生產環境錯誤

    (d) 應用使用者介面最佳化建議

13. 在導入 DevOps 的專案中，測試人員小慧發現她的職責不僅包括測試設計，還包括監控自動化測試結果、調整測試腳本與分析 CI/CD 錯誤日誌。她經常與開發與營運人員共同檢討品質問題並調整流程。下列哪一項最能描述 DevOps 對測試人員角色的實質影響？

    (a) 測試人員主要負責回歸測試，不參與流程設計與部署事務

    (b) DevOps 將測試完全交給開發人員，不再需要獨立測試角色

    (c) 測試人員在 DevOps 中參與品質監控、流程整合與持續改善

    (d) 測試人員的工作只在產品驗收階段才開始

14. 某敏捷團隊在回顧會議中回顧本次迭代的測試過程，發現測試人員經常因為缺少合適的測試資料而延誤測試進度。開發與測試雙方討論後決定，下一次迭代要由開發人員協助提前建立測試資料模板，並納入 Sprint 規劃。這段情境說明回顧會議如何帶來什麼樣的效益？

    (a) 可建立共同責任感與流程持續改進文化

    (b) 有助於測試人員撰寫更完整的測試報告

    (c) 提高非功能性測試自動化的能力

    (d) 解決缺陷修復時間過長的根本原因

15. 下列哪一項較可能透過靜態測試而非動態測試發現？

    (a) 使用者點擊按鈕後無回應

    (b) 程式碼中出現未宣告的變數

    (c) 螢幕顯示資料載入速度過慢

    (d) 執行特定流程時系統當機

16. 在正式審查流程中，下列哪一種角色的說明錯誤？

    (a) 審查者（reviewer）可以是專案相關人員或其它利害關係人

(b) 作者（author）針對審查意見修正工作產品

(c) 記錄者（scribe）主動提出所發現的異常、建議和問題

(d) 作者（author）於審查會議中提供必要的說明與澄清

17. 關於不同審查類型的描述，下列哪些正確？

    (a) 非正式審查（informal review）需產出正式審查紀錄文件

    (b) 演練導覽（walkthrough）由作者主持且可不進行個人審查

    (c) 技術審查（technical review）主要目的是找出最大數量的異常

    (d) 檢閱（inspection）中，作者不得擔任審查負責人或記錄者

18. 在一次技術審查會議中，主持人控制節奏，讓每位參與者輪流提出問題與建議，並避免無關討論。會議結束後由記錄者整理行動項目，並指派後續修正責任人。以下哪一項不是有助於審查成功的因素？

    (a) 有明確的主持人角色管理流程

    (b) 所有缺陷都在會議中馬上修正，確保會議結束即完成

    (c) 每位成員可自由發言、提出觀點

    (d) 會後記錄清楚，利於後續追蹤改善行動

19. 你負責測試一個使用者登入模組，開發團隊提供了系統功能規格，但你無法存取原始程式碼。你計畫使用等價類劃分與邊界值分析來測試使用者名稱與密碼的欄位長度限制。這種測試方式最符合下列哪一類測試技術？

    (a) 白箱測試技術

    (b) 經驗導向測試技術

    (c) 探索式測試

    (d) 黑箱測試技術

20. 某保險網站要求使用者輸入年齡進行報價申請。有效年齡為 18 到 65 歲（含邊界）。任何小於 18 或大於 65 的輸入都視為無效。請根據等價類劃分推導測試資料，並選出最合適的測試組合。哪一組測試輸入最適合涵蓋所有等價類？

    (a) 17, 18, 65

    (b) 17, 30, 66

    (c) 18, 35, 64

    (d) 17, 66

21. 你正在測試一個會議室的燈光控制系統，該系統根據時間自動開關燈，使用 24 小時制。每天最多可設定三個開燈時段。在某一天，會議室的燈光被設定為在以下時段開啟：

    09:00 到 11:30

    14:00 到 16:00

    18:30 到 21:00

    使用三值邊界值分析法，選擇需要測試的時間點，以驗證這一天的燈光控制功能。

    (a) 09:00, 09:01, 11:30, 11:31, 14:00, 14:01, 16:00, 16:01, 18:30, 18:31, 21:00, 21:01

    (b) 08:59, 09:00, 11:29, 11:30, 13:59, 14:00, 15:59, 16:00, 18:29, 18:30, 20:59, 21:00

    (c) 08:59, 09:00, 09:01, 11:29, 11:30, 14:00, 14:01, 15:59, 16:00, 18:30, 18:31, 20:59, 21:00

    (d) 08:59, 09:00, 11:30, 11:31, 13:59, 14:00, 16:00, 16:01, 18:29, 18:30, 21:00, 21:01

22. 你正在為一個線上購物平台設計折扣政策，根據客戶的消費行為提供折扣。折扣政策基於以下條件，並以累加方式計算折扣（每個滿足的條件會增加折扣百分比）。條件如下：

- 消費金額超過 1000 元：提供 5% 折扣
- 消費金額超過 3000 元：提供額外 10% 折扣
- 會員等級為 VIP：提供額外 8% 折扣

由於條件是累加的，每滿足一個條件，折扣百分比會相加。例如，若消費金額超過 3000 元且是 VIP，折扣為 5%（超過 1000 元）+ 10%（超過 3000 元）+ 8%（VIP）= 23%

以下決策表是用來測試折扣政策的邏輯：

	測試案例	T1	T2	T3	T4	T5	T6	T7	T8
條件	消費金額超過 1000 元	No	No	Yes	No	Yes	Yes	Yes	Yes
	消費金額超過 3000 元	No	No	Yes	Yes	No	Yes	Yes	Yes
	會員等級為 VIP	No	Yes	No	Yes	No	Yes	No	Yes
動作	折扣	0%	8%	15%	13%	5%	23%	15%	23%

哪個測試案例必須被剔除，因為它是不可行的？

(a) T1

(b) T3

(c) T4

(d) T6

8-9

23. 你正在審查咖啡機控制系統的測試設計。根據狀態轉換圖與表格所列的 5 個測試案例，請判斷下列哪一個敘述最正確？

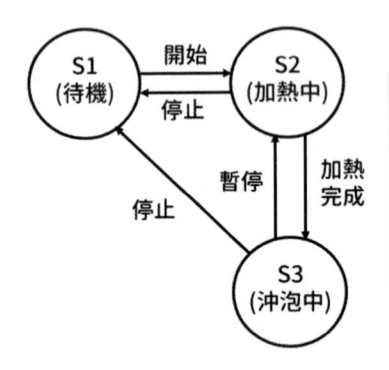

測試案例	1	2	3	4	5
起始狀態	S1	S2	S3	S3	S2
輸入	開始	加熱完成	暫停	停止	停止
預期結束狀態	S2	S3	S2	S1	S1

(a) 測試案例涵蓋所有有效的狀態轉換，並包含一筆無效輸入的測試

(b) 測試案例涵蓋所有從 S1、S2 狀態出發的轉換，但沒有涵蓋從 S3 出發的所有轉換

(c) 測試案例涵蓋所有有效的狀態轉換，但並未涵蓋所有可能的狀態

(d) 測試案例涵蓋所有狀態與所有有效的狀態轉換，無需補充測試

24. 你正在針對一段控制流程單純的功能進行白箱測試，測試主管要求至少達到「敘述覆蓋」(statement coverage)。以下是簡化過的邏輯片段：

```
if x > 0:
    y = x + 1
print(y)
```

你已設計一組輸入 x = 5，成功執行整段程式碼。針對上述情境，下列哪一項正確描述敘述測試的目的或限制？

(a) 敘述測試只關心是否觸發錯誤訊息，與邏輯無關

(b) 若能讓每一行程式碼都被執行一次，就達成敘述覆蓋

(c) 敘述測試可保證所有條件的 True/False 組合都被測到

(d) 敘述測試可取代所有結構性測試技術

25. 某票務系統的購票邏輯包含多層條件（例如會員身分、早鳥票、年齡優惠等），開發人員懷疑條件判斷有遺漏邏輯，但測試人員僅使用功能需求設計測試案例，並未覆蓋所有條件組合。這種情況下導入白箱測試能帶來哪一項主要效益？

(a) 可針對程式邏輯中的所有分支與路徑設計測試

(b) 可檢查功能是否符合使用者故事描述

(c) 可檢查 GUI 設計是否符合企業形象標準

(d) 可評估使用者滿意度與介面易用性

26. 小美是一位經驗豐富的測試人員，在測試某表單輸入功能時，除了根據需求設計測試案例，她還額外設計下列測試資料：

- 在名稱欄位輸入全是特殊符號的字串
- 在年齡欄位輸入負數與超過三位數的數字
- 嘗試送出空白表單

她這些案例的設計沒有直接來自需求規格，但卻成功找到三個 UI 錯誤與一個後端驗證問題。小美的測試方式最符合下列哪一種測試技術？

(a) 等價類別劃分

(b) 邊界值分析

(c) 錯誤預測法

(d) 探索式測試

27. 某新創團隊在開發一款線上問卷平台，由於功能變動頻繁且開發速度快，完整的測試文件尚未建立。測試人員小明決定邊測邊學，根據功能表現持續調整測試方式，並紀錄發現的缺陷與測試筆記。以下哪一項最能正確描述小明所進行的測試方式？

    (a) 測試活動完全依據需求文件進行，重複執行固定測試案例

    (b) 測試活動由開發人員主導，屬於單元測試範疇

    (c) 小明正在進行探索式測試，根據實際操作動態發現問題

    (d) 小明進行的是回歸測試，專注於驗證舊功能未被破壞

28. 你正在參與一個「線上訂位系統」的使用者故事驗收標準審查會議。以下是產品負責人（PO）撰寫的驗收標準草稿：

    - 系統應允許使用者選擇日期與時間後按下「預約」按鈕
    - 若選定時段已滿，則顯示「該時段無法預約，請選擇其他時段」
    - 使用者點擊「預約」後，應收到預約成功通知（Email 或 App 訊息）
    - Given 使用者已登入並選定日期與時段，When 點擊預約，Then 顯示預約成功訊息

    針對這組驗收標準的撰寫方式，下列哪一項評論最適切，且對後續測試與開發最有幫助？

    (a) 所有驗收標準均已使用 Gherkin 格式，無需修改

    (b) 建議刪除第 4 項，避免重複描述

    (c) 建議統一撰寫方式，例如全部改寫成 Gherkin 語法以利一致性與自動化支援

    (d) 應將所有驗收標準改為流程圖，便於視覺化理解使用者故事

29. 你的團隊正在為線上圖書平台開發會員書櫃功能，並採用驗收測試驅動開發。你被指派為下列使用者故事撰寫驗收測試案例。

    使用者故事

    　　作為一名註冊會員，

    　　我希望能將已購買的電子書加入我的書櫃，

    　　以便之後可以快速找到並閱讀。

    驗收標準：

    - 我可以查看我的書櫃，並看到所有我已購買的電子書
    - 我可以將剛購買的書手動加入書櫃，加入後會顯示「新增成功」

    以下哪一項是正面驗收測試案例（Positive ATDD case），對應上述使用者故事與驗收標準？

    (a) 登入後前往書櫃頁面，畫面顯示：「你尚未新增任何書籍」
    (b) 系統自動寄送購買電子書的發票通知信給使用者
    (c) 將書籍加入願望清單 → 出現「加入成功」提示
    (d) 點選某本已購買書籍 → 按下「加入書櫃」→ 顯示「新增成功」訊息

30. 某專案團隊正準備在月底發佈新版本，進行發佈規劃會議時，測試負責人提供測試覆蓋率、已修復與未修復缺陷數量，以及高風險模組的測試進度，幫助團隊評估是否達到發佈條件。測試人員在發佈規劃中主要提供哪種價值？

    (a) 協助評估品質與風險，以支援發佈決策
    (b) 排定開發人員的工作分派
    (c) 決定最終發佈版本的行銷方式
    (d) 撰寫使用者操作手冊

31. 在一個線上課程平台的測試專案中，團隊正準備結束系統測試。測試主管檢查目前有 95% 測試案例執行完畢，所有高與中嚴重性的缺陷已修復並驗證，僅剩少數低嚴重性缺陷未解決。客戶也已同意這些缺陷可接受。根據以上情況，以下哪一項最適合作為允出標準，判斷測試階段是否可結束？

    (a) 測試人員皆完成環境驗證與腳本撰寫工作

    (b) 開發團隊確認已完成單元測試與模組整合

    (c) 測試覆蓋率達到預定目標，重大缺陷已關閉

    (d) 測試預算即將用盡，因此結束測試活動

32. 你是某企業管理系統專案的測試負責人。過去類似專案中，平均每 10 個需求項目需撰寫約 30 個測試案例，並花費 12 人天完成測試設計與執行。今年的新專案共有 40 個需求項目，系統複雜度與以往相似，團隊規模也一致。你需向管理層估算本次的測試人力需求。根據比率估算，測試設計與執行預估共需多少人天？

    (a) 24 人天

    (b) 36 人天

    (c) 48 人天

    (d) 60 人天

33. 一間金融科技公司正在開發一套線上貸款申請平台。測試團隊已完成一輪系統測試，並正在規劃回歸測試的執行順序。由於部分模組在修復缺陷後出現新依賴關係，測試經理要求調整測試執行順序，以同時考量案例的依賴關係與原始優先性。以下是已完成的測試案例與原始優先性設定：

測試案例	功能模組說明	優先性
A	使用者身分驗證	高（H）
B	撥款條件判斷邏輯	中（M）
C	申請紀錄列印功能	低（L）
D	撥款成功確認頁	高（H）
E	帳戶資訊載入模組	低（L）
F	表單格式驗證	中（M）

開發團隊針對缺陷修復後，指出測試案例間存在以下依賴關係：

- B 依賴於 E（必須先完成客戶驗證）
- D 依賴於 B（結帳流程需先建立交易單）

你需要根據以上資訊重新安排測試執行順序，以避免依賴錯誤，同時考量優先性下列哪一個測試執行順序最合理？

(a) A, D, B, F, E, C

(b) A, E, B, D, F, C

(c) E, B, D, A, F, C

(d) A, B, D, E, F, C

34. 在某教育科技 App 開發過程中，測試人員進行實機操作觀察，記錄學生對操作流程與畫面反應的真實行為，並根據這些觀察修改後續測試場景與設計介面回饋建議。這些測試並非以測試案例為基礎，而是以「實際使用經驗」為主。該活動主要目的是支援哪一類型的測試目的？並屬於哪一測試象限？

(a) 驗證系統效能是否符合 SLA，象限四

(b) 支援需求驗證與邏輯流程測試，象限一

(c) 促進設計改進與使用者體驗理解，象限三

(d) 驗證核心功能是否符合規格，象限二

35. 某家金融系統的登入模組被評估為高風險，因為它涉及帳戶安全性，若出錯可能導致用戶資料外洩。開發時期曾出現幾次密碼驗證邏輯錯誤。測試經理決定調整測試策略，以降低產品風險。下列哪一項最能反映針對高產品風險所採取的測試因應措施？

    (a) 將登入模組延後到發佈前最後一天測試，避免干擾其他模組

    (b) 將此模組標記為低優先級，預留人力應付其他模組

    (c) 對登入模組優先安排更多測試資源與高覆蓋率的測試技術

    (d) 交由開發人員自行測試即可，因為安全問題屬於開發責任

36. 小強是某大型專案的測試主管，正在向利害關係人簡報目前系統測試的整體狀態。以下哪一項最適合包含在正式的測試進度簡報內容中？

    (a) 每位測試人員每天花多少小時在測試

    (b) 測試完成比例、通過率，以及待修缺陷的數量與等級

    (c) 測試團隊對開發團隊回應速度的主觀評價

    (d) 測試主管對測試流程中有哪些人表現不佳的觀察

37. 小明在測試中發現一個重大缺陷，當時是使用「開發版 v2.1」執行測試。但當開發人員嘗試重現問題時，使用的是「修正版 v2.2」，導致測試結果無法重現。下列哪一項最能說明構型管理的價值？

    (a) 能自動產生測試報告並記錄測試執行時間

    (b) 有助於確保每筆缺陷都已指派負責人

    (c) 可監控測試人員的工作進度與缺勤情況

    (d) 協助記錄並追蹤測試所使用的應用程式版本

38. 在測試會員登入功能時，小哲發現：即使帳號輸入正確，但密碼欄留空，系統仍顯示「登入成功」並導向會員首頁。此行為不符合需求規格，因為

登入應要求帳號與密碼皆正確才可通過。開發人員回報:「這是前端驗證未生效所致,後端目前尚未攔截空白密碼。」以下哪一項最適合作為缺陷報告的分類,可協助團隊正確標記並處理此問題?

(a) UI 顯示異常

(b) 驗證邏輯缺陷

(c) 性能問題

(d) 測試資料錯誤導致假陽性

39. 測試經理小雅正在為團隊導入測試工具,目標是改善測試活動的規劃與進度追蹤,並產出報告提供利害關係人審閱。下列哪一種工具最適合小雅的需求?

(a) 測試執行與驅動工具

(b) 程式碼覆蓋率分析工具

(c) 測試管理工具

(d) 靜態安全分析工具

40. 某電商團隊導入 Playwright 進行 UI 自動化測試,但近期前端畫面頻繁變更,導致測試經常失敗,維護成本增加。這種情況屬於自動化測試的哪一項風險?

(a) 測試無法反映真實使用者行為

(b) 工具限制導致無法寫測試腳本

(c) 測試腳本對系統變更非常敏感

(d) 測試過程缺乏人工驗證

8.2 模擬試卷解答

題號	答案	解釋	學習目標
1	c	(a) 除錯不包含回歸測試，這是測試活動的一部分 (b) 確認測試與回歸測試皆屬測試活動，非除錯職責 (c) 測試負責確認修正成功與確保其他功能未受影響（回歸） (d) 測試人員不負責修改程式碼，那是開發的職責	FL-1.1.2
2	b	(a) 測試 ≠ QA，兩者是不同概念，分別針對產品與流程 (b) 測試 ≠ QA，兩者是不同概念，分別針對產品與流程 (c) 測試屬於品質控制；QA 是預防性、流程導向活動 (d) QA 是「全員責任」，不只限測試人員負責	FL-1.2.2
3	a	(a) 測試能顯示缺陷的存在，而不是證明沒有缺陷 (b) 無法涵蓋所有場景，覆蓋具體依據測試策略與風險 (c) 測試無法「證明」無缺陷，只能找出存在的缺陷 (d) 預防錯誤屬於品質保證與開發責任，測試人員主要是檢測與回饋	FL-1.3.1

題號	答案	解釋	學習目標
4	c	(a) 測試設計是撰寫用例的技術工作，非進度管理 (b) 測試規劃為前期設定階段，此題是執行中進行調整 (c) 本情境屬「測試監控與控制」：觀察執行狀況 → 比對目標 → 採取行動調整方向 (d) 測試完成是專案結束時進行總結報告與知識交付的階段	FL-1.4.1
5	b	(a) 工具選擇與可追蹤性無直接因果關係 (b) 可追蹤性最直接的價值之一就是進行變更影響分析與驗證覆蓋完整性 (c) 可追蹤性強調的是關聯與透明，與用例數量或複雜度無關 (d) 回歸測試仍然必要，可追蹤性是用來輔助選擇重點測試項目，非用來取代	FL-1.4.4
6	b	(a) 開發負責技術實作；測試經理負責策略規劃與管理，角色顛倒 (b) 這是正確的典型角色分工：經理規劃與管理；開發實作與單元測試 (c) 測試風險評估屬於測試經理責任，不是開發人員主導 (d) 職能與責任完全不同，非僅是部門差異	FL-1.4.5

題號	答案	解釋	學習目標
7	c	(a) 過度區隔反而會降低合作效率 (b) 測試早期參與是 good practice，不是干擾 (c) 整體團隊方法（Whole Team Approach）鼓勵即時、開放溝通與資訊透明 (d) 測試應與開發緊密合作，不宜完全分離	FL-1.5.2
8	d	(a) 雖然是優點，但不是此情境的「問題」 (b) 此題正好相反，是合作不足而非依賴過度 (c) 測試覆蓋率與是否獨立無直接關聯，需配合設計品質 (d) 測試團隊與業務脫節，導致測試內容不完整或重複，正是過度獨立的缺點之一	FL-1.5.3
9	c	(a) 測試應盡早介入，而非只在最後驗收階段執行 (b) 測試設計應與 SDLC 同步，非延後處理 (c) 所有流程品質關注與預防思維 (d) 測試人員應早期參與，如審查與分析，不只執行階段介入	FL-2.1.2
10	d	(a) ATDD 是在撰寫程式碼之前先撰寫驗收測試 → 測試先行 (b) BDD 基於 TDD 精神延伸，強調人類可讀性與行為導向 (c) TDD 是最典型的 test-first 方法：先寫測試再實作 (d) DTDD 不屬於 test-first 方法	FL-2.1.3

題號	答案	解釋	學習目標
11	c	(a) 測試焦點不是單一模組的內部邏輯 (b) 驗收測試會站在最終使用者觀點，測試完整使用流程與需求驗證，但此題重點是模組間資料傳遞 (c) 測試的是模組與模組之間的互動行為與資料流，符合整合測試定義 (d) 系統測試關注的是整體功能是否完整實現，這題聚焦在子系統整合點的驗證，不等於完整系統驗收	FL-2.1.4
12	a	(a) 資料庫遷移為平台變更，是適應性維護的典型情境 (b) 加入新功能是屬於增強性變更，此情境非新增功能 (c) 修正性維護指的是修復缺陷，不符合資料庫遷移情境 (d) 介面優化通常屬於完善性維護，但情境與此無關	FL-2.1.6
13	c	(a) 回歸測試只是部分任務，DevOps 中測試更廣泛參與整體流程 (b) 雖然開發有更多測試責任，但測試人員仍是不可或缺的角色 (c) 測試角色在 DevOps 中更像是品質促進者，跨職能參與流程與監控 (d) DevOps 提倡早期測試（左移），測試從需求階段就介入	FL-2.2.1

題號	答案	解釋	學習目標
14	a	(a) 回顧會議的核心目標之一就是「反思流程」，並讓團隊在沒有指責的情境下找到可改進的地方 (b) 回顧會議不是針對測試報告品質的活動，也不是用來討論如何撰寫報告 (c) 本情境並未提及非功能性測試（如效能、安全）或自動化 (d) 情境中沒有提到缺陷或修復流程，問題來自測試資料延誤，與缺陷處理無關	FL-2.3.1
15	b	(a) 需實際執行並觀察反應，屬動態測試 (b) 未宣告變數為語法錯誤，可透過靜態分析發現 (c) 效能問題須執行並量測，非靜態測試範圍 (d) 當機屬執行階段失效，需透過動態測試發現	FL-3.1.3
16	c	(a) 審查者可來自專案內外，只要具備審查能力 (b) 作者需針對審查中發現的缺陷進行修正 (c) 記錄者負責整理與記錄，不主動提出異常與建議 (d) 作者在審查過程中負責說明工作產品內容	FL-3.2.3
17	d	(a) 非正式審查無需正式紀錄文件 (b) 演練導覽由作者主導且個人審查非強制 (c) 技術審查以技術決策為主，非單純找異常 (d) 檢閱規定作者不能兼任負責人或記錄者	FL-3.2.4

題號	答案	解釋	學習目標
18	b	(a) 主持人協助控制流程與時間是成功審查的關鍵之一 (b) 會議的目的是辨識缺陷、記錄後續修正行動 (c) 鼓勵不同角色發言，有助於從不同角度發現缺陷 (d) 良好的會議紀錄與追蹤是提升審查成效的關鍵	FL-3.2.5
19	d	(a) 沒有看到程式碼，也沒有分析流程邏輯，不屬於白箱測試 (b) 雖無程式碼，但已明確應用測試設計技術，並非經驗導向 (c) 探索式測試未依明確設計技術執行，本題描述為系統化設計 (d) 黑箱測試依據輸入與輸出行為進行，不考慮內部結構	FL-4.1.1
20	b	(a) 未涵蓋所有等價類別 (b) 恰好各取一個代表值 (c) 未涵蓋所有等價類別 (d) 未涵蓋所有等價類別	FL-4.2.1
21	d	(a) 少了每段的「開始前一點」與「結束前一點」，如 08:59、11:29、13:59、15:59、18:29、20:59 (b) 每段只列出「開始前一點、開始」與「結束前一點、結束」，沒有邊界後一點 (c) 只列出 1 個點在每段的結束邊界（21:00），漏了 21:01；也缺 11:31、16:01 (d) 涵蓋所有 18 個點，完全符合三值邊界分析法	FL-4.2.2

題號	答案	解釋	學習目標
22	c	(a) 合理條件組合（無折扣） (b) 合理條件組合（5%+10%） (c) 此為錯誤組合（消費金額不可能沒有超過 1000 元，卻超過 3000 元） (d) 合理且符合累加條件（5%+10%+8%）	FL-4.2.3
23	d	(a) 沒有測無效輸入，且不需要測自我轉換 (b) 從 S3 出發的轉換都有涵蓋，這個說法已不成立 (c) 已涵蓋所有狀態與有效轉換 (d) 完整涵蓋所有狀態與所有「非自我轉換」的有效狀態轉換	FL-4.2.4
24	b	(a) 關心「是否被執行」，不只關注錯誤訊息 (b) 目的是確保每一行程式至少執行一次 (c) 這是分支覆蓋的目標 (d) 敘述覆蓋範圍較窄，無法保證條件邏輯完整性，不能取代其他白箱技術	FL-4.3.1
25	a	(a) 白箱測試強調結構與流程控制覆蓋，對應這類多層條件邏輯特別有效 (b) 這是黑箱測試（需求導向）要處理的內容 (c) 與測試邏輯無關，是 UI 設計面向 (d) 屬於使用者體驗與可用性測試，非白箱測試重點	FL-4.3.2

題號	答案	解釋	學習目標
26	c	(a) 通常根據輸入範圍明確設計，不是靠直覺和經驗推測 (b) 針對最大最小值測試，這題不以邏輯邊界為主 (c) 根據測試人員的經驗、直覺、歷史缺陷來推測可能錯誤的情境 (d) 強調「邊執行邊學習」，但此題中的測試已有明確目標與推測	FL-4.4.1
27	c	(a) 那是腳本化測試，不符合「邊測邊學」 (b) 是開發階段的測試，不是測試人員進行 (c) 符合探索式測試特點：未先定義完整測試腳本、結合學習、設計與執行 (d) 回歸測試針對修改後驗證，不是針對新功能與行為探索	FL-4.4.2
28	c	(a) 實際上只有第 4 項使用 Gherkin，其他為規則式或混合敘述，撰寫方式不一致 (b) 雖然第 4 項與第 3 項涵蓋相同功能，但第 4 項提供了更清晰的可驗證場景，應保留並調整前面敘述 (c) 為提高一致性與支持測試自動化，應建議統一使用 Gherkin 語法撰寫，便於理解與維護 (d) 流程圖可作為輔助，但不適合作為正式驗收準則的主要格式，且不利自動化測試場景產出	FL-4.5.2

題號	答案	解釋	學習目標
29	d	(a) 雖然與書櫃有關，但沒有涉及新增功能或顯示購買書籍的行為 (b) 發票寄送屬於系統通知功能，不符合本故事重點「加入書櫃與查閱書籍」 (c)「願望清單」不在此使用者故事與驗收準則範圍內，屬於不同功能 (d) 符合驗收準則第 2 點：「新增書 → 顯示成功訊息」，是典型正向 ATDD 案例	FL-4.5.3
30	a	(a) 測試人員可提供測試覆蓋率、缺陷狀況、殘餘風險等關鍵資訊，支援是否發佈的決策 (b) 任務分配屬於開發主管或 Scrum Master 職責，不是測試人員的角色 (c) 行銷方式屬於產品或商業部門職責，與測試人員無關 (d) 操作手冊一般由技術寫手或產品團隊負責撰寫，不屬於測試貢獻重點	FL-5.1.2
31	c	(a) 測試準備階段或測試中活動，不代表測試是否完成 (b) 測試允入標準之一，非允出標準 (c) 典型允出標準 (d) 預算用盡是被動結束，不應作為允出標準	FL-5.1.3
32	c	(a) 只放大 2 倍（12 × 2 = 24） (b) 代表是 12 × 3 = 36，對應的是 30 個需求 (c) 將相同規模條件按比例放大 (d) 過度估算，無根據膨脹	FL-5.1.4

題號	答案	解釋	學習目標
33	b	(a) D 在 B 之前，違反「D 依賴 B」的條件；B 在 E 之前，違反「B 依賴 E」 (b) 此選項滿足 E → B → D 的依賴順序 (c) 雖滿足依賴順序，但將 A（高優先性、無依賴）延後到第 4 順位，未善用高優先性可先執行的機會，非最佳排序 (d) B 在 E 之前，違反「B 依賴 E」的條件	FL-5.1.5
34	c	(a) 象限四是非功能性測試，例如壓力或安全性，與使用者體驗無關 (b) 象限一偏重程式層級驗證，例如單元測試 (c) 象限三屬於探索式、回饋導向、使用者體驗相關的測試活動 (d) 象限二主要是驗證功能需求的自動化測試	FL-5.1.7
35	c	(a) 高風險模組應優先測試，不可延後處理 (b) 高風險模組不應被降優先順序 (c) 典型的風險導向測試策略：優先測試高風險區域、投入更多資源、採用嚴謹測試技術 (d) 測試人員應共同負責風險識別與驗證，不能完全依賴開發測試	FL-5.2.4
36	b	(a) 工作時數不是管理者最關心的測試指標 (b) 關鍵測試指標（如進度、品質與風險），有助於決策 (c) 主觀評價不具代表性，不宜列入正式簡報 (d) 個人表現非測試狀態核心，易造成團隊不信任感	FL-5.3.3

題號	答案	解釋	學習目標
37	d	(a) 測試報告產出通常由測試管理工具處理 (b) 缺陷指派屬於缺陷管理流程，非構型管理重點 (c) 進度與人力追蹤屬於資源與人事管理，不屬於構型管理範疇 (d) 構型管理可明確記錄「哪個版本」被測試與回報缺陷，協助重現問題	FL-5.4.1
38	b	(a) UI 並未顯示錯誤，行為問題來自驗證流程而非畫面顯示 (b) 登入驗證邏輯錯誤，未正確處理空白密碼，屬於業務邏輯或驗證缺陷 (c) 問題與系統效能無關，沒有反應延遲或效率低落 (d) 測試資料正確（密碼為空），且此資料即用來驗證邏輯是否正常，非測試錯誤	FL-5.5.1
39	c	(a) 主要用於自動化執行測試案例，不含進度管理與報告功能 (b) 分析測試執行對程式碼的覆蓋情況，不支援進度追蹤或管理 (c) 支援測試規劃、進度追蹤、缺陷管理與報告產出 (d) 在開發階段分析原始碼中的安全問題，與測試規劃無關	FL-6.1.1

題號	答案	解釋	學習目標
40	c	(a) 重點在維護難度而非真實模擬 (b) 已明確使用 Playwright 撰寫腳本 (c) 前端頻繁改動造成腳本失效，是典型的自動化風險 (d) 與此題描述無直接關聯	FL-6.2.1

Note

Note

Note

博碩文化

博碩文化